名优绿茶适制良种与配套技术

● 主 编　余继忠

U0215141

浙江科学技术出版社

图书在版编目(CIP)数据

名优绿茶适制良种与配套技术 / 余继忠主编. —杭州:浙江科学技术出版社,2016.2
ISBN 978-7-5341-6983-0

Ⅰ. ①名… Ⅱ. ①余… Ⅲ. ①绿茶—良种繁育
Ⅳ. ①S571.103.8

中国版本图书馆 CIP 数据核字(2015)第 308495 号

书　　名	名优绿茶适制良种与配套技术	
主　　编	余继忠	
出版发行	**浙江科学技术出版社**	
	网　址:www.zkpress.com	
	杭州市体育场路 347 号	
	邮政编码:310006	
	办公室电话:0571-85062601	
	销售部电话:0571-85171220	
	E-mail:zkpress@zkpress.com	
排　　版	杭州大漠照排印刷有限公司	
印　　刷	杭州丰源印刷有限公司	
经　　销	全国各地新华书店	
开　　本	890×1240　1/32	印　张　4.75
字　　数	120 000	
版　　次	2016 年 2 月第 1 版	2016 年 2 月第 1 次印刷
书　　号	ISBN 978-7-5341-6983-0	定　价　20.00 元

责任编辑　詹　喜　　**责任美编**　金　晖
责任校对　张　宁　　**责任印务**　徐忠雷

编写人员名单

主　　编　余继忠

副 主 编　（按照姓氏笔画排序）

　　　　　周铁锋　郑旭霞　黄海涛

顾　　问　（按照姓氏笔画排序）

　　　　　毛祖法　杨亚军　陈　亮　梁月荣　韩文炎

编写人员　（按照姓氏笔画排序）

　　　　　丁　勇　王开荣　毛宇骁　刘本英　余继忠

　　　　　周铁锋　郑旭霞　敖　存　徐德良　郭敏明

　　　　　黄海涛　崔宏春　赖建红

序
PREFACE

　　自20世纪80年代后期名优绿茶兴起和发展以来,我国广大绿茶产区纷纷恢复传统名茶或创制新式名茶,显著提升了绿茶的市场竞争力,推动茶产业生产效益持续稳定增长,为茶农增收发挥了巨大作用。

　　品种是农业生产的重要基础,茶产业更是如此,品种的优劣对茶叶品质、产量和效益起着决定性作用。而且茶树是多年生作物,其有效生产周期可长达30~40年,甚至更长。因此,新种植茶园的品种选择尤为重要。每种名优绿茶都可以用多个不同茶树品种制作,但是不同的茶树品种生产同一种名优绿茶的产量和效益差距非常显著。虽然茶树品种在推广前对其适制性有一个基础性评价,但一般是以大茶类为基础进行评价,即对一个品种是适制绿茶还是红茶,抑或是乌龙茶、其他茶类进行评价,而对其是否适制某一名优茶鲜有研究。杭州市农业科学院茶叶研究所余继忠研究员带领研究团队经过10多年的努力,根据各地名优绿茶对鲜叶原料要求和加工工艺特点,将众多的名优绿茶分成四个类型,对浙江省内种植的一些茶树品种的名优绿茶适制性及其品质和效益进行了系统的比较,并对相关加工工艺和栽培技术等进行了研究。他们在总结研究结果的基础上,广泛吸收国内相关研究成果,编写了《名优绿茶适制良种与配

套技术》一书。相信该书的出版对名优绿茶的发展将会起到积极的
促进作用,并对企业茶叶生产有实际指导价值。

中国农业科学院茶叶研究所所长、研究员、博导
中国茶叶学会名誉理事长

前 言
PREFACE

    茶树是我国重要的经济作物之一，广泛种植于我国云南、贵州、四川、福建与浙江等20多个省(直辖市、自治区)。2014年我国茶园面积274万公顷，产量195万吨，均居世界第一位。茶产业已是我国山区和半山区重要的支柱产业。

    茶树新品种是茶产业发展的基础，是实现茶叶产业升级的基础，茶树品种的好坏直接关系到茶叶产量的高低、品质的优劣和茶产业的经济效益。目前，从茶学科研机构到茶叶生产企业，甚至茶农，都非常重视茶树新品种的选育。截至2014年年底，我国共有国家级审(认)定品种124个，省级审(认)定品种100余个，还有部分农业部植物新品种保护办公室鉴定的茶树新品种。优良茶树品种的选育和推广，极大地促进了我国茶产业的发展。然而，众多的茶树品种如何选择，即茶树品种的适制性已成为一个重要的问题。

    茶树品种在推广前进行的区域性试验可对其是否适合制作红茶或绿茶有一个基础性评价，但目前一般缺乏对各类名优茶适制性的系统研究。杭州市农业科学研究院茶叶研究所科研人员自2002年开始针对名优绿茶的适制品种进行了较系统的研究，并吸收了安徽省农业科学院茶叶研究所、云南省农业科学院茶叶研究所、江苏无锡茶叶品种研究所、宁波市林特科技推广中心和安吉县农业局等单位科研推广人员的部分研究成果，编著成《名优绿茶适制良种与配套技术》。全书共七章，其中第一章至第四章由敖存、黄海涛、郭敏明、余继忠、丁勇、徐德良编写,第五章由黄海涛、王开荣、赖建红、刘本英编写,第六章由郑旭霞、余继忠、毛宇骁编写,第七章由周铁锋、崔宏春、郑旭霞、黄海涛编写。本书不仅介绍了浙江省四大类名优绿茶中代表性名茶的特点,还对适合加工制作各大类名优绿茶的优良茶树品种进行了一定的研究与分析,详细地介绍了良种的特点以及相对应的栽培管理和加工工艺技术,并且根据市场需求增加了白化、紫芽等特色名优绿茶,旨在为从业者全面了解浙江省名优绿茶产业情况,找到适合自己所在地区的地方名优绿茶的适制茶树品种和加工技术提供帮助。

本书在编写过程中,中国农业科学院茶叶研究所所长、博士生导师杨亚军研究员给予了悉心指导并欣然作序。中国农业科学院茶叶研究所陈亮研究员、韩文炎研究员,浙江省农业技术推广中心毛祖法研究员,浙江大学梁月荣教授等专家学者对本书的编写提出了很多宝贵意见。本书的出版得到了国家茶产业技术体系、浙江省重点科研项目、杭州市重大科技创新项目等的支持。在此一并表示感谢!

我国名优绿茶产品丰富,即使同一大类名优绿茶,其品质特征和工艺技术也是千差万别,所涉及的优良茶树品种更是数不胜数。本书涉及知识面广,专业性极强,难免挂一漏万,不当之处敬请读者批评指正。

余继忠

2015年12月杭州

目 录
CONTENTS

第一章 CHAPTER ONE
扁形名优绿茶适制品种与加工技术

第一节　扁形名优绿茶品质特征

一、扁形名优绿茶总体品质特征

　　扁形名优绿茶是茶鲜叶经杀青后,在炒制过程中通过理条并逐渐压扁成形的名优绿茶,其外形扁平、挺直。此类茶有龙井、旗枪、大方、湄江翠片等,以龙井最为典型。高级龙井外形扁平光滑、挺直尖削,芽长于叶,色泽翠绿或嫩绿油润;旗枪形似龙井,但不及龙井细嫩,不及龙井扁、平、直,有旗(叶)有枪(芽),外形扁平、光洁,尚匀整,色泽绿润;大方更为长、大,其经揉捻成条后再烤扁,形状较龙井、旗枪长而厚,外形扁而平直,有较多棱角,色泽黄绿、微褐、光润。

　　扁形名优绿茶基本品质特征为外形扁平、挺直、光滑,色泽嫩绿或翠绿油润,汤色嫩绿或杏绿明亮,香气清高馥郁,有嫩香、栗香或花香,滋味甘醇鲜爽,叶底嫩匀成朵、嫩绿明亮。

湘湖龙井

千岛玉叶

二、典型扁形名优绿茶的品质特征

(一) 西湖龙井茶

西湖龙井茶为我国历史文化名茶,被誉为"绿茶皇后",产于浙江省杭州市西湖区和西湖风景名胜区。茶树种植区峰峦叠翠,依山傍水,受西湖和钱塘江水汽调节和东南季风影响,气候温暖湿润多雾;大部分土壤属石英岩的残坡积物和黄泥沙土,土壤透水性和通气性良好,有机质含量适中,土壤pH 4.5~6.0,利于茶树生长和茶叶品质形成。其选用西湖龙井茶产区内的茶树良种幼嫩鲜叶经摊放、青锅、辉锅炒制而成,开采于3月中下旬,清明前后采制特、高级茶,谷雨前后采制高、中级茶。

西湖龙井茶以其"色绿、香郁、味甘、形美"四大特点驰名中外。其外形扁平光滑、挺秀尖削、大小匀齐、芽峰显露,色泽嫩绿带糙米色、油润,汤色嫩绿或杏绿明亮,香气鲜嫩馥郁、清高持久,滋味甘鲜醇厚、回味甘爽,叶底嫩匀成朵、嫩绿明亮。冲泡后,一旗一枪,交错相映,栩栩如生。品饮之后,齿颊留香,沁人肺腑。西湖龙井成品茶分为5个等级,不同等级成品茶感官品质要求如表1-1所示。

表1-1　不同等级西湖龙井的感官品质特征

项目		要求				
		精品	特级	一级	二级	三级
外观	扁平	扁平光滑、挺秀尖削	扁平光润、挺直尖削	扁平光润、挺直	扁平、挺直尚光滑	扁平、尚光滑、尚挺直
	色泽	嫩绿鲜润	嫩绿鲜润	嫩绿尚鲜润	绿润	尚绿润
	整碎	匀整重实、芽峰显露	匀整重实	匀整有峰	匀整	尚匀整
	净度	匀齐洁净	匀净	洁净	尚洁净	尚洁净

续表

项目		要求				
		精品	特级	一级	二级	三级
内质	香气	嫩香馥郁	清香持久	清高、尚持久	清香	尚清香
	滋味	鲜醇甘爽	鲜醇甘爽	鲜醇爽口	尚鲜	尚醇
	汤色	嫩绿鲜亮、清澈	嫩绿明亮、清澈	嫩绿明亮	绿、明亮	尚绿、明亮
	叶底	幼嫩成朵、匀齐、嫩绿鲜亮	细嫩成朵、匀齐、嫩绿明亮	细嫩成朵、嫩绿明亮	尚细嫩成朵、绿、明亮	尚成朵,有嫩单片、浅绿、尚明亮
其他要求		无霉变,无劣变,无污染,无异味				
		产品洁净,不得着色,不得夹杂非茶类物质				

干茶　　　　　　　茶汤　　　　　　　叶底

其品质因产地的栽培环境与炒制技术的差异而各具特色,历史上有"狮""龙""云""虎"四个品类之分。"狮"字号为龙井村狮子峰、灵隐、上天竺一带所产;"龙"字号为杨梅岭、翁家山、满觉陇一带所产;"云"字号为云栖、五云山、梅家坞一带所产;"虎"字号为虎跑、四眼井、赤山埠一带所产,品质以"狮"字号"狮峰龙井茶"最佳。20世纪50年代后,根据生产的发展和品质风格的变迁,调整为"狮峰龙井茶""梅家坞龙井茶""西湖龙井茶"三个品类,品质仍以"狮峰龙井茶"为珍,现统称为"西湖龙井茶"。

(二) 大佛龙井茶

大佛龙井茶产于浙江省新昌县,创制于20世纪80年代,现为浙江省十大名茶之一。其是采用一芽一叶至一芽三叶的鲜叶原料经过摊青、青锅、回潮、辉锅等工序加工而成的扁形名优绿茶。

大佛龙井茶基本品质特征为外形扁平光滑、尖削挺直,色泽绿翠匀润,香气嫩香持久、略带兰花香,滋味鲜爽甘醇,汤色杏绿明亮,叶底细嫩成朵、嫩绿明亮。它曾多次荣获浙江省农业名牌产品、全国农业名牌产品,中国农博会、国际茶博会金奖称号,2004年被评为浙江省十大名茶。

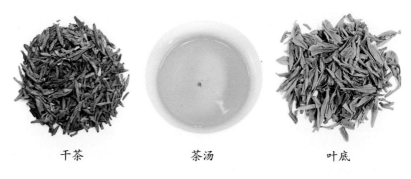

| 干茶 | 茶汤 | 叶底 |

第二节　扁形名优绿茶适制品种

生产者应该根据自己的需求来选择合适的茶树品种,这大致包括两个方面。其一是地区栽培适应性,即在选用茶树品种时,必须对拟种植的茶树品种的适宜栽培茶区和栽培条件要求有充分的了解,可以根据茶树品种审(认)定,或根据选育资料和区域适应性试验结果进行判断,也可以通过实地考察,多听听育种人或育种单位的指导性意见,并对该品种在本地区或相似地区的栽培示范区进行详细考察,充分了解该品种的需肥特性、生长特性和鲜叶品质特点,确保该品种能够适宜当地气候环境或生态条件。其二是地方名优茶适制性,即我国茶区较广,不同地区大都有自己的地方名优茶品牌,所生产的茶叶类型不同,不同类型的茶叶产品对茶树品种的要求存在着很大的差异,因此选择的茶树品种必须适宜制作生产当地的名优茶茶类,如果加工当地的地方名优茶特色鲜明且品质较优则更佳。

由于对品种的具体要求主要体现在对该品种的鲜叶原料特性的要求上,因此,本节将扁形名优绿茶对鲜叶原料的要求和适制扁形名优绿茶的茶树品种进行简单归纳,介绍如下。

一、扁形名优绿茶鲜叶原料要求

扁形是名优绿茶类型中的一个大类,它对鲜叶原料的要求包括很多方面,如芽叶颜色。芽叶茸毛多少、芽叶嫩度、芽叶长度、芽叶角度、节间和芽重等。本节将根据现有研究对优质龙井茶所要求的鲜叶原料特性做一个综述,以指导扁形名优绿茶生产者判断和选择合适的茶树品种。

首先,芽叶茸毛多少对生产龙井茶至关重要。一般龙井茶鲜叶原料要求芽叶茸毛少或者无,这与龙井茶的炒制工艺和产品外形特征有关,茸毛较多的茶树品种的鲜叶原料不利于龙井茶对干茶色泽的要求,且其生产的产品因难以脱毫,不符合龙井茶"扁、平、光、直"的外形要求。因此,其对茶树品种的要求是该品种芽叶茸毛少或者无。

其次,芽叶颜色对龙井茶干茶的色泽影响最大。在王卓再《谈谈西湖龙井茶的色泽》一文中对高级龙井茶的原料要求进行了如下描述,"这种鲜叶原料,其芽为金黄色,叶为黄绿色,通过高超独特的制作工艺,炒制成绿叶包着金芽的,形状扁、平、光、直的(俗称'碗钉形'),具有'金芽绿叶'色气的龙井茶"。即芽叶黄绿色是最适于制作龙井茶的鲜叶原料的芽叶色泽。龙井茶最不能接受的芽叶颜色就是紫色。

再次,芽叶嫩度和芽叶长度是扁形名优绿茶要求的一个重要特性。龙井茶对芽叶长度的规范中最重要的一条是芽要长于叶,另外还有其他的一些标准,如龙井茶的鲜叶原料标准中就按照所采制产品的级别分别对鲜叶原料的嫩度和芽叶长度做了一个界定。高档龙井茶(特一级、特二级、特三级茶)应于清明前采摘,只采龙牙(单芽)和雀舌(一芽一叶初展,芽长于叶,长度1.5~2.0厘米);中档茶(一级、二级、三级茶)于谷雨前采摘,采下的鲜叶称旗枪(一芽一叶半开展)和糙旗枪(一芽一叶开展和一芽二叶初展,长度2.3~2.7厘米);低档茶(四级茶以下)于谷雨后采摘,采下的鲜叶称象大(一芽二、三叶和同等嫩度的对夹叶,长度2.8~3.5厘米)。

当然,扁形茶还要求芽叶的展角不能太大,节间不能太长,以及有一个合适的百芽重范围。因此,扁形茶生产者需要在遵循扁形茶对鲜叶原料特性要求的前提下,选择具有相似或相应芽叶特性的茶树品种,且该品种具有区域栽培适宜性。

二、扁形名优绿茶适制品种简介

(一)龙井43

1. 品种简介

国家品种,育成单位为中国农业科学院茶叶研究所,1987年经全国农作物品种审定委员会审定认定为国家品种,编号:GS13007—1987。

2. 新梢特性

芽叶绿色,茸毛少或无,芽叶短壮,芽叶基部有一个红点。春季萌发早,较福鼎大白茶早4~5天,发芽密度大,且萌发整齐。

龙井43芽头

龙井43茶园

3. 栽培特性

生长旺盛,需要高肥。持嫩性差,需要及时嫩采。产量高,约较福鼎大白茶增产30%。抗寒性较强,炭疽病抗性较弱。

4. 加工特性

适制扁形名优绿茶,制龙井茶的品质特征为:外形挺秀、扁平光滑,色泽嫩绿,香郁持久,味甘醇爽口,品质优良。

龙井43采制的扁形茶样

(二)嘉茗1号

1. 品种简介

又名乌牛早,浙江省省级良种,原产浙江省永嘉县罗溪乡,1988年由浙江省茶树良种审定小组认定为省级品种,编号:浙品认字第079号。

2. 新梢特性

发芽特早,杭州地区春芽萌发期一般在2月下旬3月上旬,一芽一叶盛期在3月中上旬,较福鼎大白茶早7~10天。发芽密度中等,前期芽叶肥壮、茸毛中等,后期叶张较薄。成熟叶片水平状着生,呈椭圆或卵圆形,叶色绿,有光泽,叶质肥厚较软。

嘉茗1号新梢　　　　　　　　嘉茗1号茶园

3. 栽培特性

分枝稀疏,顶端优势明显,持嫩性较强。抗逆性一般,江南茶区早春易受霜冻害影响,产量尚高。

4. 加工特性

制扁形茶,外形扁平光滑、挺秀匀齐,芽峰显露,微显毫,色泽嫩绿光润;内质香气高鲜,滋味甘醇爽口,汤色清澈明亮,叶底幼嫩肥壮,匀齐成朵。适宜浙江省尤其是扁形类名优茶产区作早生搭配品种推广。

嘉茗1号采制的扁形茶样

(三)迎霜

1. 品种简介

国家品种,育成单位为杭州市农业科学研究院茶叶研究所,1987年由全国农作物品种审定委员会审定认定为国家品种,编号:GS13011—1987。

2. 新梢特性

发芽早,较福鼎大白茶早2~4天。芽叶黄绿色,茸毛中等,持嫩性强,采摘批次多。成熟叶片呈椭圆形,叶色黄绿,叶面微隆起,叶质柔软。

迎霜鲜叶原料

迎霜树冠面

3. 栽培特性

顶端优势明显,生长较旺盛,需适时定型修剪,打顶养蓬。抗寒性中等,可在秋、冬季增施有机肥,提高抗寒力。及时防治螨类、芽枯病。

4. 加工特性

红绿茶兼制,适制扁形、毛峰形名优绿茶。制扁形茶,外形扁平、挺直,绿润略带毫,香气清高,滋味醇厚,叶底黄亮。

迎霜采制的扁形茶样

(四) 中茶102

1. 品种简介

国家品种,育成单位为中国农业科学院茶叶研究所,2002年经全国茶树品种鉴定委员会审定认定为国家品种,编号:国审茶

2002014。

2. 新梢特性

发芽早,较福鼎大白茶早3~4天。芽叶黄绿色,茸毛中等,生育力强。成熟叶片呈水平状着生,椭圆形,叶色绿,叶身较平,叶面微隆,叶尖渐尖,叶齿粗浅,叶质较软。

中茶102鲜叶

中茶102茶园

3. 栽培特性

植株中等,分枝较密,生长势较旺盛。抗寒性强,抗旱性强,病虫害抗性也较强。

4. 加工特性

制扁形茶,外形光扁、挺直、匀整,翠绿鲜艳,滋味清爽鲜,叶底嫩绿。

中茶102采制的扁形茶样

(五)其他适制品种列表

扁形茶适制品种很多,表1-2列举了部分,其他适制品种不再一一列举。一般适制品种见附录一。

表1-2　扁形茶适制品种举例

品种名称	育成单位
龙井长叶	中国农业科学院茶叶研究所
浙农117	浙江大学茶叶研究所
春雨1号	武义县农业局
鸠坑早	淳安县农业技术推广中心茶叶站

第三节　扁形名优绿茶加工技术

一、扁形名优绿茶手工炒制技术

(一) 工艺流程

鲜叶摊放→青锅→摊凉回潮→辉锅

(二) 工艺技术

1. 鲜叶摊放

鲜叶摊放场地要求清洁、阴凉、透气,避免阳光直射,一般要求摊放在软匾、竹垫上,摊放厚度为2~3厘米。鲜叶摊放时间6~10小时,以摊至叶质发软、青草气散发、芽叶舒展、发出清香、茶叶含水量在68%~70%时为宜。

2. 青锅

采用电炒锅进行青锅,锅温以160~180℃为宜,每锅投叶量为100~150克。开始以抖炒法为主,后用抖、抹等手法,最后改用

青锅

搭、捺等手法结合,炒到茶叶舒展扁平、含水量为25%~30%时起锅。青锅时间需12~15分钟。

3. 摊凉回潮

青锅叶出锅后簸去茶片、末子,剔除茶果、黄片等杂物,筛分出头子茶、中段茶、细头茶,摊放回潮60分钟左右,然后分别进行辉锅。

分筛

4. 辉锅

采用电炒锅,待锅温达60~70℃时投入青锅叶,每锅投叶量为200克左右。待炒到茶叶受热回潮、吐露茸毛时,把温度提高到80~90℃;当茸毛开始脱落、茶叶收紧较扁平时,再把温度降低到50~60℃。炒制手法开始以抖为主,逐步转入搭、捺、磨、压等炒法,掌握"手不离茶、茶不离锅"的原则。炒至扁平、光滑,茶香显现,手折即断可起锅。辉锅时间需20~30分钟。茶叶经簸片筛末后即可装箱。

辉锅

二、扁形名优绿茶机械加工技术

(一)机械配置

配置的机械设备为杀青机(理条机)、扁茶炒制机、平面圆筛机、滚筒辉干机。

(二)工艺流程

鲜叶摊放→杀青→做形干燥→辉锅→提香

(三)工艺技术

1. 鲜叶摊放

鲜叶要求摊放在软匾、竹垫上,摊放场地要求清洁、阴凉、透气,避免阳光直射。也可采用配备鼓风机的鲜叶摊青槽进行鲜叶摊放,可较好地控制摊放时间以及对露(雨)水叶的摊放处理。摊放厚度为2~3厘米,以摊至叶质发软、青草气散发,芽叶舒展、发出清香味,茶叶含水量在68%~70%时为宜。鲜叶摊放时间一般为6~10小时。

鲜叶摊放

2. 杀青

杀青方法有多种,一般前期高档鲜叶原料采用6CCB-100型扁茶炒制机杀青(下同)。当锅温达180℃左右时,可投叶杀青,每锅投叶量100克。开始不加压,当鲜叶开始萎瘪、梗子发软、叶色发绿,调整压板理条、轻压。杀青时间为2分钟左右,出锅后摊凉还潮。杀青叶失水率50%左右。后期中低档鲜叶原料,可采用6CST-40型滚筒杀青机(下同)进行杀青。筒内空气温度为100℃左右时,可投叶杀青,杀青时间1分钟左右,要求杀匀杀透。杀青叶应立即薄摊并吹风冷却,以保持翠绿色泽。也可采用6CLZ-60型名茶理条机（下同）进行杀青，槽内温度为180℃左右，投叶量为每槽50克，杀青时间为2分钟左右。

扁茶炒制机杀青

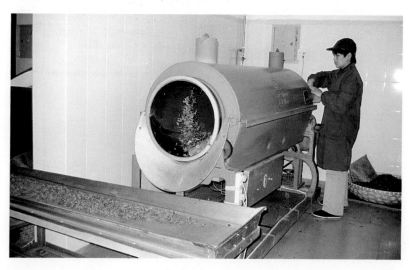

滚筒杀青机杀青

名茶理条机杀青

3. 做形干燥

采用扁茶炒制机,锅温达80~90℃时可投叶炒制,每锅投叶量150克左右,当杀青叶受热变软后,理条轻压,逐渐加压干燥做形。青锅时间为8分钟左右。青锅后失水率为33%左右。

做形干燥

4. 分筛

芽叶因为大小不一致，含水率也就不同，辉锅时间过长容易造成芽叶断碎，影响龙井茶制率，过短则干燥程度不足，故在辉锅前通过分筛可使芽叶大小一致。分筛可采用小型平面圆筛机，将青锅叶筛分为上（3~4孔）、中（20孔）、下三档。将上档青锅叶和中档青锅叶分开辉锅，去除下档茶末。

分筛

5. 辉锅

通过辉锅可进一步做形干燥，并发挥出龙井茶的香气。采用扁茶炒制机，锅温至140℃左右时可进行辉锅，每锅投叶量200克左右。前期当叶子受热变软后可加压，后期叶子逐渐干燥后应轻压，以减少茶末的产生。辉锅时间为7分钟左右，辉锅失水率10%左右。

辉锅

6. 辉干提香

通过辉干提香工序可进一步使龙井茶光滑油润,发挥香气,并可缩短辉锅时间，减少龙井茶断碎率。采用6CHG-520型茶叶辉干机,当热风温度200℃、筒内温度100℃左右时投叶,每桶投叶量2500~3000克。时间为20分钟左右,失水率为6%左右。

辉干提香

7. 精制

精制分为风选和筛分工序。采用小型风选机,对制成的龙井茶进行整理,筛出黄片、茶末、灰等,再用小型平面圆筛机对龙井茶进行分档分级处理,最后将龙井茶进行拼配整理后装箱。

风选

　　近年来,随着茶叶加工机械的不断进步,对扁形茶连续化、自动化加工设备进行了研制和开发,如扁茶连续化生产线采用滚筒杀青机—微波杀青机—理条机—四锅连续炒制机—滚筒辉干机,实现了扁形茶炒制的连续化、自动化加工。

连续化生产线1

连续化生产线2

第二章 CHAPTER TWO
针芽形名优绿茶适制品种与加工技术

第一节　针芽形名优绿茶品质特征

一、针芽形名优绿茶总体品质特征

针芽形名优绿茶是选用单芽鲜叶原料经杀青理条、整形干燥而成,茶条挺直似针状的名优绿茶。其多为针形茶的特级茶,有些白毫满批,有些光洁少毫;有些追求肥嫩壮实,有些追求纤秀细嫩;有些紧圆,有些稍扁。这类茶主要有雪水云绿、千岛银针、开化龙顶、华山银毫、金寨翠眉、罗针茶、赛山玉莲等。

针芽形茶的基本品质特征为单芽,紧直似针,色泽绿翠,光洁鲜润或显毫,汤色嫩绿明亮,清香持久,滋味浓醇鲜爽,叶底全芽匀齐、嫩绿明亮。其宜用透明玻璃杯冲泡,注水时茶芽上下翻飞,轻歌曼舞,待身姿逐渐饱满起来,颗颗直立水面,稍后缓缓落底,颗颗亭亭玉立、轻盈飘逸。丝丝热气,幽幽清香。细品一口,浓鲜爽口,口舌生津。

武阳春雨　　　　　　　　千岛银针

二、典型针芽形名优绿茶的品质特征

(一) 开化龙顶

开化龙顶茶产于浙江省开化县齐溪乡，创制于20世纪70年代末。产区境内四周峰峦环列，海拔千米以上高峰40余座，拥有极其丰富的漫射光和良好的小气候环境。日夜温差大，有效气温高，无霜期长，年平均雾日100天以上，土壤松软肥沃，利于茶叶品质的形成。高级开化龙顶以肥嫩粗壮的单芽鲜叶为原料，经过杀青、揉捻、初烘、理条、烘干等工序精致加工而成。

开化龙顶具有"色绿、汤清、香高、味醇"的品质特征，其外形紧直、挺秀，色泽绿翠，汤色嫩绿明亮，香高持久并伴有幽兰清香，滋味浓醇鲜爽，叶底全芽、肥壮匀齐、嫩绿明亮。冲泡时，茶芽颗颗直立水面，随即缓缓落底，犹如细雨落丝。杯中颗颗向上直挺，轻盈灵动。杯口幽幽兰香，四溢开来。细品之，甘鲜爽口。开化龙顶茶以其优异的品质而多次荣获省、部名茶称号，1985年获中国名茶称号，1992年获首届中国农业博览会金奖，2004年被评为浙江省十大名茶。

干茶　　　　　　　茶汤　　　　　　　叶底

(二) 雪水云绿

雪水云绿茶为针芽形名优绿茶代表之一，产于浙江省桐庐县，是浙江省较早创制的针芽形名优绿茶，杭州市十大名茶之一。桐庐产茶历史悠久,早在三国时代《桐君采药录》中,就记载有"武昌、庐江、晋陵好茗,而不及桐庐"。宋代范仲淹曾作"潇洒桐庐郡,春山半是茶。轻雷何好事?惊起雨前芽"的诗句。

　　根据桐庐县自然环境和茶树特性,雪水云绿茶的产地区域主要界定在新合、钟山、分水、百江、合村、瑶琳、凤川、横村及富春江等9个乡镇的59个村。雪水云绿茶以高山无污染的优质单芽为原料,不带鱼叶、茶蒂、紫芽、茶果、冻伤芽等,经鲜叶摊放拣剔、杀青做形、摊凉回潮、初烘、整形、足火提香、整理分级等工序精工巧制而成。

　　雪水云绿茶外形紧直略扁,芽峰显露,色泽嫩绿,汤色嫩绿清澈明亮,香气清香高锐,滋味鲜醇,叶底肥嫩匀齐、嫩绿明亮。品质特征表现为:"形若莲心,色泽嫩绿,汤色澄澈,香味清醇。"用玻璃杯冲泡时,赏其翠芽,上下浮现,翩翩起舞;品其香味,则齿颊留甘,清韵悠长,色、香、味、形俱佳。

干茶　　　　　　　　茶汤　　　　　　　　叶底

第二节　针芽形名优绿茶适制品种

一、针芽形名优绿茶鲜叶原料要求

　　针芽形是名优绿茶类型中常见的一个大类,其成品茶不仅对外形、色泽、香气和滋味等要求严格,而且一般要求冲泡以后叶底能够在水中直立,特别重视其观赏性。因此,它对鲜叶原料的外观要求也包括了很多方面,如芽叶颜色、芽叶茸毛多少、芽叶嫩度、芽叶长度、节间长度、完整度和匀净度等。它对鲜叶原料的最基本的要求是芽叶完整,色泽鲜绿,匀净,无鳞片,无鱼叶,无单片,无紫芽,无冻害叶,无病虫害叶,无红变指痕。下面将根据现有研究对优质针芽形茶所要求的鲜叶原料特性做一个综述,以指导针芽形名优绿茶生产者判断和选择合适的茶树品种。

首先,芽叶颜色鲜绿是针芽形茶原料要求的重要特征。针芽形名优绿茶成品茶要求颜色翠绿,因此芽叶颜色呈黄绿或浅绿的,特别是芽的颜色黄绿的茶树品种就不适宜制作高档针芽形名优绿茶。

其次,芽叶茸毛对针芽形名优绿茶成品茶的冲泡特性影响较大。针芽形名优绿茶一般要求芽叶有茸毛,这有助于叶底在水中的直立和起伏。

最后,主要是芽叶完整度。因针芽形名优绿茶特别重视观赏性,故其对鲜叶原料的完整性要求极其严格,不仅要求芽叶大小匀净,而且要求没有鳞片和鱼叶等杂物,不能有单片,也不能有紫芽,当然更不能有冻害叶、病虫为害过的芽叶,以及采摘不当导致的红变指痕等。

二、针芽形名优绿茶适制品种简介

(一)翠峰

1. 品种简介

国家品种,育成单位为杭州市农业科学研究院茶叶研究所,1987年经全国农作物品种审定委员会审定认定为国家品种,编号:GS13012—1987。

2. 新梢特性

春季萌发中等,较福鼎大白茶迟2天。芽叶翠绿色,茸毛多。芽叶生育力强,发芽整齐,持嫩性较强。成熟叶片呈长椭圆形,叶色深绿,叶面微隆,叶身稍内折,叶质较厚。

翠峰新梢

翠峰鲜叶

3. 栽培特性

分枝较密,生长势较旺盛。抗寒性强,抗旱性强,病虫害抗性也较强。苗期增施有机肥,成园后及时嫩采。注意黑刺粉虱的防治。

翠峰采制的针芽形名优绿茶

4. 加工特性

制针芽形茶,色嫩绿尚润有毫,香高,味浓鲜爽,汤色翠绿明亮。该品种同时适制卷曲形名优绿茶。

（二）浙农117

1. 品种简介

国家品种，育成单位为浙江大学茶叶研究所，2010年经全国茶树品种鉴定委员会审定认定为国家品种，编号：GS2010012。

2. 新梢特性

春季萌发中等，较福鼎大白茶迟4天。芽叶生育力强，绿色，肥壮，茸毛中等偏少，持嫩性强。成熟叶片水平状着生，呈长椭圆形，叶色深绿，叶面微隆，叶身稍内折，叶质较软。

浙农117茶园

浙农117鲜叶

3. 栽培特性

抗寒性强，抗旱性强，对螨类、蚜虫、象甲类等病虫害抗性也较强。适合双条栽，土层要求较厚。

4. 加工特性

特别适制针芽形茶，外形细嫩紧结、深绿显芽，花香浓，滋味鲜爽，叶底明亮。

（三）龙井长叶

1. 品种简介

国家品种，育成单位为中国农业科学院茶叶研究所，1994年经全国农作物品种审定委员会审定认定为国家品种，编号：GS13008—1994。

2. 新梢特性

春季萌发中等,较福鼎大白茶迟4天。芽叶淡绿色,茸毛中等。芽叶生育力强,持嫩性较强。成熟叶片呈长椭圆形,叶色绿,叶面微隆,叶身平,叶质中等。

龙井长叶新梢 　　　　　　　龙井长叶鲜叶原料

3. 栽培特性

生长势较旺盛。抗寒性强,抗旱性强,病虫害抗性也较强。适宜双条栽,要求土层较厚、有机质丰富的地块种植。注意及时防治小绿叶蝉。

4. 加工特性

制针芽形茶,色绿尚润有毫,味鲜爽,汤色绿明亮。

龙井长叶采制的针芽形名优绿茶

（四）春雨2号

1. 品种简介

国家品种,育成单位为武义县农业局,2010年通过全国茶树品种鉴定委员会的品种审定,编号:国品鉴茶2010003。

2. 新梢特性

春茶一芽二叶绿色,芽叶肥嫩,茸毛中等。中偏晚生,在浙中气候条件下,3月底可采制名优茶。

春雨2号新梢　　　　　　　　春雨2号茶园

3. 栽培特性

宜选择土层深厚肥沃的地块种植。因树姿较开张,适当提高定型修剪高度有利于树冠的养成。移栽后注意抗寒防冻保苗,幼苗期尤需防范根茎部冻裂伤,并及时补苗。投产茶树修剪不能过重,应保留足够的成熟叶片。早施重施基肥,做好越冬管理。

4. 加工特性

制绿茶滋味醇厚,花香突显,耐冲泡。品种

春雨2号采制的芽形名优绿茶

个性突出,尤适制单芽型红绿茶,也可用于创制新的名优茶。

(五)其他适制品种列表

针芽形茶适制品种很多,表2-1列举了部分,其他适制品种不再一一列举。一般适制品种见附录一。

表2-1　针芽形茶适制品种举例

品种名称	育成单位
劲峰	杭州市农业科学研究院茶叶研究所
中茶 102	中国农业科学院茶叶研究所
浙农 139	浙江大学茶叶研究所
春雨 1 号	武义县农业局
鸠坑早	淳安县农业技术推广中心茶叶站

第三节　针芽形名优绿茶加工技术

(一)机械配置

配置的机械设备为杀青机、名茶理条机、名茶烘焙机。

(二)工艺流程

摊青→杀青→初烘理条→整形→烘焙

(三)工艺技术

1. 摊青

鲜叶采摘标准为单芽。鲜叶采回后摊放在清洁的竹匾或竹垫上,摊放时间为8~10小时,以手感柔软、青草味散发为适度。

2. 杀青

采用6CST-40型杀青机进行杀青。当筒体温度达150℃以上时可投叶杀青，杀青时间为1分钟左右。在筒口出叶处用风扇吹凉，使杀青叶尽快散发热气，保持绿色，吹去片末。

3. 初烘理条

采用 6CLZ-60型名茶理条机进行理条。当热风温度达120℃时可投叶理条，使水分进一步散发，茶芽互不粘连，青气散失。时间一般为8分钟左右。

理条

4. 整形

选用名茶理条机，温度控制在100℃左右，投叶量为60~80克/槽，促使芽头更挺直。时间为6~8分钟，待芽头挺直即可出锅。

5. 烘焙

采用微型烘干机或6CHP-60型名茶烘焙机（下同），温度控制在80℃左右，要求含水率6%左右时起锅。

烘焙

第三章 CHAPTER THREE
毛峰形名优绿茶适制品种与加工技术

第一节 毛峰形名优绿茶品质特征

一、毛峰形名优绿茶总体品质特征

毛峰形名优绿茶是鲜叶经杀青后进行揉捻，使茶条细紧稍卷曲，最后采用烘干工序而成的卷曲形烘青绿茶，如峨眉毛峰、鸠坑毛尖、洞庭春、羊艾毛峰、径山茶等。

毛峰茶的基本品质特征为：外形细秀多锋苗、带毫、稍卷曲，色泽翠绿鲜活，清香持久、带有花香，滋味鲜醇甘爽，叶底细嫩成朵、嫩绿明亮。

雁荡毛峰　　　　　　　　　鸠坑毛尖

二、典型毛峰形名优绿茶的品质特征

（一）径山茶

径山茶历史悠久，唐代首创，1978年恢复，产于浙江省杭州市的

余杭区径山。据《余杭县志》记载,相传径山茶产于唐朝开寺僧法钦。"钦师曾植茶数株,采以供佛;逾年蔓延山谷,其味鲜芳,特异他产,今径山茶也。""产茶之地,有径山四壁坞及进里山坞,出者多佳品,凌霄峰者尤不可多得。"产茶区气温较低,雨量丰富,直射光少,云雾和漫射光多,土壤pH适宜,土层有机质丰富,利于氨基酸和芳香物质形成。采用一芽一叶至一芽二叶的鲜叶原料经摊放、杀青、揉捻、初烘、复烘等工艺制成。

径山茶追求"崇尚自然,追求绿翠,讲究真色、真香、真味"。基本品质特征为细紧稍卷曲,芽峰显露略带白毫,色翠绿,清香持久,汤色浅嫩绿且清澈明亮,滋味鲜醇,叶底细嫩成朵,嫩绿明亮。1985年被农牧渔业部评为全国名茶,以后多次被评为全国和浙江省优质农产品金奖,2004年被评为浙江省十大名茶。

干茶　　　　　　　　茶汤　　　　　　　　叶底

(二)黄山毛峰

黄山毛峰是我国现有的毛峰类名优绿茶中的典型代表,为中国十大名茶之一。黄山毛峰茶主要产地为安徽省黄山市辖行政区域内的产茶乡镇。产区以黄山山脉为中枢,地处长江水系和新安江水系的分水岭,气候温暖多雨,昼夜温差大,空气湿润多云雾。茶园以高山、丘陵为主,土壤多为黄红壤,pH 4.3~5.5。主要栽培品种为黄山大叶种、滴水香等地方群体良种,以梯式条栽为主,部分茶园保留传统丛栽。黄山产茶历史悠久,《黄山志》称"莲花庵旁就石隙养茶,多清香冷韵,袭人断腭,谓之黄山云雾茶",传说这就是黄山毛峰的前身。清代江澄云《素壶便录》记述:"黄山有云雾茶,产高山绝顶,烟云荡漾,雾露滋培,其柯有历百年者,气息恬雅,芳香扑鼻,绝无俗味,当为茶品中第一。"又据《徽州商会资料》记载,黄山毛峰起源于清光绪年间(1875年后)。当时有位歙县茶商谢正安(字静和)开办"谢裕泰"茶行,为迎合市场需求,清明前后,在黄山充川、汤口等高山名园选采肥嫩芽叶,经过精细炒焙,创制了色香味形俱佳的名茶。由于该茶白毫披身,芽尖似峰,取名"毛峰",后冠以地名为"黄山毛峰"。2002年11月,国家质检总局发布第114号公告,批准对黄山毛峰实施原产地域产品保护。2008年6月,绿茶制作技艺(黄山毛峰)被国务院列入第二批国家非物质文化遗产名录。2008年,国家质检总局和标准化管理委员会发布、实施了GB/T 19460—2008《地理标志产品　黄山毛峰茶》的国家标准。

黄山毛峰成品茶基本品质特征表现为:芽头肥壮、峰显毫露,香高持久,滋味鲜爽回甘,汤色嫩绿明亮,耐冲泡。按感官品质分为特级、一级、二级、三级;特级又分为一、二、三等;各等级的感官指标见表3-1。

表3-1　黄山毛峰茶各等级的感官指标

级别	外形	内质			
		香气	汤色	滋味	叶底
特级一等	芽头肥壮、匀齐、形似雀舌、毫显、嫩绿泛象牙色、有金黄片	嫩香馥郁持久	嫩绿、清澈、鲜亮	鲜醇爽回甘	嫩黄、匀亮鲜活
特级二等	芽头较肥壮、较匀齐、形似雀舌、毫显、嫩绿润	嫩香高长	嫩绿、清澈、明亮	鲜醇爽	嫩黄、明亮
特级三等	芽头尚肥壮、尚匀齐、毫显、绿润	嫩香	嫩绿、明亮	较鲜醇爽	嫩黄、明亮

级别	外形	内质			
		香气	汤色	滋味	叶底
一级	芽叶肥壮、匀齐、隐毫、条微卷、绿润	清香	嫩黄绿、亮	鲜醇	较嫩匀、黄绿亮
二级	芽叶较肥壮、较匀齐、条微卷、显芽毫、较绿润	清香	黄绿、亮	醇厚	尚嫩匀、黄绿、亮
三级	芽叶尚肥壮、条微卷、尚匀、尚绿润	清香	黄绿、尚亮	尚醇厚	尚匀、黄绿

干茶   茶汤   叶底

第二节　毛峰形名优绿茶适制品种

一、毛峰形名优绿茶鲜叶原料要求

毛峰形名优绿茶是烘青绿茶大类的一个典型,其产品通常要求成品茶条索紧结,色泽翠绿油润显毫,因此该种类名优绿茶对鲜叶原料的要求主要集中在芽叶色泽、肥壮度、茸毛多少及芽叶嫩度等方面。

首先,毛峰形名优绿茶要求鲜叶的芽叶色泽为绿色,经烘焙工艺以后能保持色绿的特征。

其次,毛峰形名优绿茶大都外形纤细紧结,所以其要求鲜叶的芽头不能太肥壮,以免影响成品茶外形。

再次,毛峰形名优绿茶要求鲜叶的茸毛在中等及以上,以达到显毫的特征。

最后,毛峰形名优绿茶对嫩度或芽叶长度有较高的要求。毛峰形名优绿茶对鲜叶原料的要求需要根据嫩度分类进行,一般采用至少一芽一叶及以上的原料来制作毛峰形名优绿茶。根据不同的原料大小可以分成不同的级别,特级茶对原料的要求是一芽一叶或一芽二叶初展,芽长于叶,芽叶的长度在2厘米以下;一级茶对原料的要求是一芽一叶至一芽二叶,芽叶长度基本相当,芽叶长度在3厘米以下。

黄山毛峰茶鲜叶原料采摘标准:特级茶一芽一叶初展、一级茶芽一叶和一芽二叶初展、二级茶一芽二叶为主、三级茶一芽二叶和一芽三叶初展,每批采下鲜叶要求嫩度、匀度、净度基本一致。茶鲜叶采摘后仍具有一系列的呼吸作用,内含物质分解、释放热量、蒸发水分等异化代谢生理活动,维持离体鲜叶正常生理活动,特别是及时散发鲜叶释放的热量,对保持鲜叶的新鲜度有重要作用。因此,鲜叶摊青要起到保鲜摊青、促进品质及避免鲜叶受污染或变质的多重效能。鲜叶摊青以通风清凉处为宜,一般要配设专用的摊青室,使用竹盘或竹帘薄摊,切勿堆积,并适时均匀轻翻、及时加工。

二、毛峰形名优绿茶适制品种简介

(一)茂绿

1.品种简介

国家品种,育成单位为杭州市农业科学研究院茶叶研究所,2010年经全国茶树品种鉴定委员会审认认定为国家品种,编号:国品鉴茶2010004。

2. 新梢特性

春季萌发早,比福鼎大白茶早2天。芽叶肥壮,深绿色,茸毛多。生育力强,发芽密度大,持嫩性强。叶长椭圆形,叶色深绿,叶面隆起,叶身稍内折,叶缘微波状,叶尖渐尖,叶齿细密,叶质较软。

茂绿新梢　　　　　　　　茂绿茶园

3. 栽培特性

该品种生长势极旺盛,分枝粗壮,2龄可成园,产量高。抗寒性强,耐贫瘠,扦插繁殖力强。按常规茶园规格种植和定剪,注意控制施肥水平。注意及时嫩采和防治小绿叶蝉。

4. 加工特性

制作毛峰形名优绿茶,色深绿、多毫,香气高爽,滋味浓鲜,品质优良。该品种同时适制针芽形名优绿茶。

茂绿鲜叶原料

茂绿成品茶图片

(二)浙农139

1. 品种简介

国家品种,育成单位为浙江大学茶叶研究所,2010年经全国茶树品种鉴定委员会审定认定为国家品种,编号:GS2010011。

2. 新梢特性

春季萌发早,较福鼎大白茶早4天。芽叶生育力强,持嫩性强,绿色,芽形较小,茸毛较多。成熟叶片水平状着生,呈长椭圆形,叶色深绿富光泽,叶面平,叶身平,叶缘平,叶质厚且较软。

3. 栽培特性

抗寒性强,抗旱性强,抗虫性也较强。适合双条栽,土层要求较厚。

4. 加工特性

制作毛峰形绿茶,外形紧结、绿润显毫,香气高鲜持久带花香,滋味清爽带鲜,叶底柔软明亮。

浙农139新梢 　　　　　　　　浙农139茶园

（三）春雨1号

1. 品种简介

国家品种，育成单位为武义县农业局，2010年通过全国茶树品种鉴定委员会的品种审定，编号：国品鉴茶2010002。

2. 新梢特性

芽头肥壮，发芽特早，春茶物候期比嘉茗1号迟2~3天。生长势旺，耐采性好，产量高。

春雨1号茶园 　　　　　　　　春雨1号植株

3. 栽培特性

生长势旺盛，分枝密较直立，适当密植并压低定型修剪高度有利于树冠的培养。制茶品质与福鼎大白茶相当，产量高于福鼎大白茶。

4. 加工特性

适制针形、扁形和毛峰形等多种名优茶。干茶香气清高，味鲜醇，品质优。

(四) 凫早2号

1. 品种简介

国家品种，由安徽省农科院茶叶研究所于1980~1989年从祁门杨树林群体中单株选育

春雨1号采制的毛峰形名优绿茶

而成，1996年安徽省农作物品种审定委员会审定为省级良种，2002年经全国农作物品种审定委员会审定认定为国家级良种，编号：国审茶2002001。

2. 新梢特性

早生种，芽叶淡黄绿色，茸毛中等。芽叶生育力强，发芽整齐，芽叶密，持嫩性强。叶片上斜状着生，长椭圆形。成熟叶片蜡质较厚，叶色绿、有光泽，叶面平，叶身稍内折，叶齿粗，叶尖渐尖，叶质柔软。

凫早2号新梢　　　　　　凫早2号茶园

3. 栽培特性

该品种属灌木型中叶类,树姿直立,分枝密,产量较高,适制红、绿茶,适宜长江南北茶区推广。栽培技术要点:适当缩小行距,定形修剪高度可略低,第二年可一年剪2次。江南在2月下旬、江北在3月上旬进行春季追肥。

4. 加工特性

制作毛峰形名优绿茶,品质优。

(五)其他适制茶树品种

其他适制良种不再一一列举,详细见附录一。

第三节 毛峰形名优绿茶加工技术

(一)机械配置

配置的机械设备为杀青机、毛峰茶炒锅、揉捻机、名茶烘焙机、茶叶烘干提香机。

(二)工艺流程

摊青→杀青→理条→揉捻→初烘→足火→提香

(三)工艺技术

1. 摊青

采摘标准为一芽一叶至二叶初展。鲜叶进厂后摊放在竹篾席上,摊放厚度为2~3厘米,放置在通风阴凉处或放置在架子上。摊放时间为6~10小时,摊至鲜叶青草气散失,清香显露,手感柔软为适度。

鲜叶摊放

2. 杀青

采用6CST-40型或6CST-50型滚筒杀青机，当筒体温度至150℃以上时可投叶杀青，投叶量为40千克/小时或50千克/小时左右，杀青时间为1~2分钟。杀青叶及时用冷风吹凉，以保持绿色。

杀青

3. 理条

采用毛峰茶炒锅进行理条。当仪表温度达200~220℃、锅温至180℃左右时可投叶理条，投叶量为200~250克/锅，理条时间为

3~4分钟,以继续散发一部分水分,理直条形,便于揉捻成形。

理条

4. 揉捻

采用6CR-25型或6CR-35型茶叶揉捻机,杀青叶经摊凉回潮后,手感柔软时可进行揉捻。每桶投叶量分别为3~4千克、8~10千克,投叶量以桶容量的90%为宜。一芽一叶的原料基本不加压,随芽叶嫩度下降而逐步加压,揉捻时间25~30分钟。

揉捻

5. 初烘

采用6CHP-60型名茶烘焙机,温度控制在100~120℃,薄摊勤翻,及时散发水分,保持色泽,并使茶叶干燥均匀;也可采用微波茶叶烘干机初烘,投叶量为30千克/小时,烘至手捏成团不结块,稍有触手感即可。

6. 足火

采用名茶烘焙机,温度控制在80~90℃,温度过低影响茶叶香味,过高则影响茶叶色泽。烘至茶叶含水量6%~7%。

7. 提香

采用名茶烘干提香机,设定温度60℃左右,时间30分钟左右。

烘焙

提香

第四章 CHAPTER FOUR
卷曲形名优绿茶适制品种与加工技术

第一节　卷曲形名优绿茶品质特征

一、卷曲形名优绿茶总体品质特征

卷曲形名优绿茶是鲜叶经杀青后注重揉捻，并在炒制中伴以抓、搓提毫工序，使茶条紧细卷曲、白毫显露的名优绿茶，如碧螺春、高桥银峰、羊鹿毛尖、都匀毛尖、蒙顶甘露等。

卷曲形茶的基本品质特征为条索细紧卷曲、白毫满披，色泽绿中带黄或隐绿，汤色黄绿多有毫浑，香气清高，滋味浓醇爽口，叶底幼嫩成朵、嫩绿明亮。

蒙顶甘露　　　　　　　　　都匀毛尖

二、典型卷曲形名优绿茶的品质特征

（一）碧螺春

碧螺春茶是我国传统名茶，原产于苏州洞庭山，又称洞庭碧螺

春。由于得天独厚的自然条件和悠久的历史人文环境,以及其他传统名茶的烘托,碧螺春茶从一诞生就声名鹊起,其品质在清代就以"微似芥而细,味甚甘香,俗呼为'吓煞人'"而著称于世。当时专家评论为"色香味不减龙井,而鲜嫩过之"。饮者则说:"茶以碧萝(螺)春为上,不易得。"诗人们对此茶也是交口赞誉,清《野史大观》卷一有诗称道:"从来隽物有嘉名,物以名传愈自珍。梅盛每称香雪海,茶尖争说碧螺春。已知焙制传三地,喜得揄扬到上京。吓煞人香原夸语,还须早摘趁春分。"

对苏州东、西洞庭山正宗碧螺春茶品质质量的评价,历来也以"形美、色艳、香浓、味醇"四绝闻名中外,有"一嫩(芽叶)三鲜(色、香、味)"之称。"铜丝条,螺旋形,浑身毛,花香果味,鲜爽生津"为碧螺春最佳写照。

2003年由国家技术监督局发布的GB18957—2003《洞庭(山)碧螺春》国家标准,其中设特级、一级、二级和三级共四个级别,其后又在特级中多设了特级一等和特级二等两个等级。其感官品质特征如表4-1。

表4-1 洞庭(山)碧螺春茶感官品质指标

级别	外形				内质			
	条索	色泽	整碎	净度	香气	滋味	汤色	叶底
特级一等	纤细、卷曲呈螺、满身披毫	银绿隐翠鲜润	匀整	洁净	嫩香清鲜	清鲜甘醇	嫩绿鲜亮	幼嫩多芽、嫩绿鲜活
特级二等	较纤细、卷曲呈螺、满身披毫	银绿隐翠鲜润	匀整	洁净	嫩香清鲜	清鲜甘醇	嫩绿鲜亮	幼嫩多芽、嫩绿鲜活
一级	尚纤细、卷曲呈螺、白毫披覆	银绿隐翠	匀整	匀净	嫩爽清香	鲜醇	绿明亮	嫩、绿、明亮
二级	紧细、卷曲呈螺、白毫显露	绿润	尚匀整	匀、尚净	清香	鲜醇	绿尚明亮	嫩、略含单张、绿、明亮
三级	尚紧细、尚卷曲呈螺、尚显白毫	尚绿润	尚匀整	尚净、有单张	醇正	醇厚	绿尚明亮	尚嫩、含单张、绿、尚亮

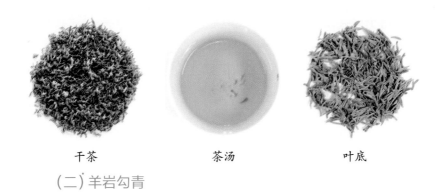

干茶　　　　　　茶汤　　　　　　叶底

（二）羊岩勾青

羊岩勾青茶是浙江省临海市羊岩山茶场于20世纪90年代初创制的名优绿茶之一。羊岩勾青产于临海羊岩山，平均海拔近600米。其选用当地群体良种，鲜叶嫩度以一芽一叶开展为主，经摊放、杀青、揉捻、炒小锅、炒对锅等工序制成。

羊岩勾青茶品质特征为干茶形状勾曲、条索紧实，色泽翠绿鲜嫩，汤色清澈明亮，叶底细嫩成朵，香高持久，滋味醇爽。口感特佳，耐冲泡，耐贮藏。

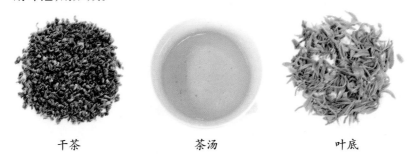

干茶　　　　　　茶汤　　　　　　叶底

第二节　卷曲形名优绿茶适制品种

一、卷曲形名优绿茶鲜叶原料要求

卷曲形名优绿茶以江苏碧螺春、浙江羊岩勾青、泉岗辉白、涌溪火青等为代表,其成品茶外形特点要求卷曲紧实、绿润显毫,因此卷曲形名优绿茶对茶树品种鲜叶原料的要求主要包括芽叶色泽、茸毛多少和芽叶嫩度等三个方面。

首先,芽叶色泽要求绿,能够确保卷曲形名优绿茶色绿的特征要求;芽头要批毫,保证成品茶的绿润显毫特征;要求芽叶嫩度要好,便于卷曲成形且不易破碎。对于其他茶类要求的芽叶肥壮度和长度大小等则会根据不同的产品要求有不同。

其次,对芽叶大小有一定的要求。制作洞庭碧螺春的鲜叶原料要求是发芽多、芽叶小、茸毛多的东、西山群体种,《中国茶树品种志》称为洞庭种,其特性是:茶叶生育力和持嫩性强,一芽一叶盛期在4月上旬,春茶一芽二叶干样约含氨基酸4.1%,一芽三叶百芽重33克,每500克特级洞庭碧螺春,有6万个芽头左右。

二、卷曲形名优绿茶适制品种简介

(一)浙农113

1.品种简介

国家品种,育成单位为浙江大学茶叶研究所,1994年经全国农作物品种审定委员会审定认定为国家品种,编号:GS13009—1994。

2.新梢特性

春季萌发中等,较福鼎大白茶迟4天。芽叶生育力强,持嫩性强,黄绿色,茸毛较多。成熟叶片水平状着生,椭圆形,叶色翠绿,叶面微隆,叶身内折,叶缘微波,叶质较软。

浙农113鲜叶

3. 栽培特性

抗寒性强,抗旱性强,抗虫性也较强。

4. 加工特性

制作卷曲形绿茶,外形紧细、纤秀有毫,色泽绿润,香高持久,滋味浓鲜爽口。

(二)中茶108

1. 品种简介

国家品种,育成单位为中国农业科学院茶叶研究所,2010年经全国茶树品种鉴定委员会审定认定为国家品种,编号:GS2010013。

2. 新梢特性

发芽特早,较福鼎大白茶早7~10天。芽叶黄绿色,茸毛少。成熟叶片呈长椭圆形,叶色绿,叶面微隆,叶尖渐尖,叶质较薄。

中茶108新梢　　　　　　　　　　中茶108茶园

3. 栽培特性

分枝较密,顶端优势明显,生长势较旺盛。抗寒性强,抗旱性强,病虫害抗性也较强。

4. 加工特性

制卷曲形茶,翠绿鲜艳,滋味清爽鲜,叶底嫩绿。

（三）劲峰

1. 品种简介

国家品种，育成单位为杭州市农业科学研究院茶叶研究所，1987年经全国农作物品种审定委员会审定认定为国家品种，编号：GS13013-1987。

劲峰新梢

劲峰茶园

2. 新梢特性

春季萌发较早，较福鼎大白茶早4天。芽叶生育力强，持嫩性强，绿色，茸毛多。成熟叶片水平状着生，椭圆形，叶色绿，叶面平，叶身较平，叶缘平，叶质较软。

3. 栽培特性

抗寒性强，抗旱性强，抗虫性也较强。

4. 加工特性

制作卷曲形绿茶，外形紧细、绿润显毫，香高味浓。

劲峰卷曲形名优绿茶茶样

(四)其他适制良种

其他适制良种不再——列举,详细见附录一。

第三节　卷曲形名优绿茶加工技术

本节介绍的碧螺春和羊岩勾青两种典型的卷曲形名优绿茶在卷曲程度和加工工艺上有一定的差异,其中碧螺春茶卷曲呈螺形,而羊岩勾青茶卷曲程度更甚,呈椭圆颗粒形,故其机械配置和加工工艺具有明显的不同,因此本节将对两种卷曲形名优绿茶的加工技术分别进行介绍。

一、碧螺春茶的加工技术

(一)手工炒制

1. 工艺流程

摊青→杀青→揉捻→搓团→干燥

2. 工艺技术

(1)摊青:采摘标准为一芽一叶初展,采回鲜叶要"头头"过堂,剔除鱼叶、老叶等杂质,并将拣好的芽叶薄摊在阴凉处。

(2)杀青:在炒茶锅中进行,锅温达150~180℃时投叶,投叶量0.5千克;高档茶温度稍低,低档茶则稍高;双手或单手反复旋转抖炒,动作轻

杀青

快。要点：先抛后闷，抛闷结合，杀透杀匀，以鲜叶略失光泽，手感柔软，稍有黏性，始发清香，失重约二成为宜，杀青时间3~4分钟。

（3）揉捻：在炒茶锅中进行，锅温为65~75℃。双手或单手按住杀青叶，沿锅壁顺一个方向盘旋，使叶在手掌和锅壁间进行公转与自转。揉叶时边揉边从手掌边散落，不使揉叶成团，开始时旋三四转即抖散一次，以后逐渐增加旋转次数，减少抖散次数，基本形成卷曲紧结的条索。要点：加温热揉，边揉边抖，先轻后重，用力均匀，揉后洗锅。以揉叶成条，不粘手而叶质尚软失重约五成半为宜。时间10~15分钟。

揉捻

（4）搓团：在炒茶锅中进行，锅温为55~60℃。手法：一臂撑着锅台，将揉叶置于两手掌中搓团。顺一个方向搓，每搓4~5转解块一下。要轮番清底，边搓团边解块边干燥；要点：锅温要低—高—低，用力要轻—重—轻。以茸毛显露，条索卷曲，失重七成为度。时间12~15分钟。

搓团

（5）文火干燥：锅温为50~55℃。将搓团后的茶叶，用手微微翻动或轻团几次，达到有触手感时，即将茶叶均匀摊于洁净纸上，放在锅内再烘一下，即可起锅。时间6~7分钟。

（二）机械加工

1. 机械配置

滚筒杀青机—名茶揉捻机—碧螺春烘干机

2. 工艺流程

摊青→杀青→初揉→初烘→复揉→复烘

3. 工艺技术

（1）摊青：采摘标准为一芽一叶至一芽二叶初展鲜叶。采回鲜叶要及时摊放在阴凉通风处,时间4~6小时,厚度为3厘米,期间翻动1~2次。

（2）杀青：采用6CSM-30型、6CSM-40型名茶杀青机或6CST-65型滚筒杀青机,待进口温度达到140℃。出口温度达到120℃时开始投叶。投叶时要先多后匀,防止焦叶。杀青时温度力求稳定,要求杀透杀匀,清香显露,手握柔软,有三分之一左右叶缘略卷,手握有触手感。在杀青机出口处,用鼓风机把杀青叶吹开,让杀青叶快速散热带走水汽。

杀青

（3）初揉：选用6CR-25、6CR-35型名茶揉捻机初揉。一般放满一筒杀青叶，空揉10分钟，要求条索形成即可下机。

揉捻

（4）初烘：采用6CHP-941型碧螺春烘干机，机温达90~100℃时投叶，将揉捻叶铺开，边烘边翻，使其散发水分。一般不要搓团，当叶子比较爽手后，约六成干时即可下机摊凉。

烘焙

（5）复揉：采用名茶揉捻机操作。一般空揉2分钟,待揉筒内叶条全部翻动即可加中压3分钟,然后空压3分钟,再加重压3分钟,达到条索紧细,茸毫显露,不断碎。一般不松压立即下机,有利于外形卷曲。

（6）复烘（搓毫）：采用6CHP-941型碧螺春烘干机,当机温达80℃时投叶铺开。可用手轻轻搓团,直至茶叶卷曲成螺,茸毫显露。达八成干时停止搓团。此时,温度控制在70℃,茶叶继续在烘干机上烘,至含水量达6%左右下机摊凉。搓团时应注意用力要均匀,先轻后重再轻。搓团后期要轻,以免芽叶断碎,茸毫脱落。搓团烘干用时15分钟左右。

二、羊岩勾青的加工技术

1. 杀青

使用6CS-84型杀青机焖炒3~4分钟,6CS-64型杀青机则焖炒2.5~3分钟。待大量水蒸气从盖缝上冲出时,揭盖抛炒,直到叶色变为暗绿、茎梗折而不断时起锅。杀青叶含水量60%~64%,失重35%~40%。

杀青程度：叶熟而不黄、色翠而不生,叶质柔软而不焦。

2. 揉捻

使用揉捻机,一般嫩叶揉10~15分钟,老叶揉15~20分钟。揉捻程度为细胞破坏率为45%~60%、嫩叶成条率90%左右、4~5级成条率85%左右即可。揉捻时间过短,成条率差,不利于炒制成盘花形的珠茶颗粒。揉捻叶应适当解块,及时干燥,以防叶色闷黄。

3. 炒二青

炒二青主要目的是蒸发一部分水分。春茶一般二青叶含水量在40%左右。夏茶气温高,炒干时叶子失水较快,二青叶含水量较春茶高,约为45%。

4. 炒小锅、对锅和大锅

炒小锅锅温为120~160℃,投叶量为每锅12.5~15千克二青叶,时间45分钟左右,以炒到含水量30%~35%为适度。炒对锅是成形的关键。锅温在60℃左右,要求匀火长炒以利于做圆。投叶量由两锅小锅叶量合并,时间3小时左右,以炒到含水量15%~20%为适度。炒大锅锅温应掌握由低到高,一般在60~80℃,投叶量由两锅炒对锅的叶量合并,时间2.5~3小时,以炒到含水量6%~7%为适度。炒大锅时,在锅上采用加盖措施,但时间不能过长,否则出现叶色黄熟、香气低闷、叶底泛黄现象。

第五章 CHAPTER FIVE
特色品种名优绿茶及加工技术

第一节　白化品种名优绿茶及加工技术

一、白化品种名优绿茶

白化品种名优绿茶是指采用白化茶树品种的鲜叶作为原料,运用绿茶加工工艺制作而成的名优茶。这类名优绿茶品种特点鲜明,制作烘青或炒青名优绿茶的成品茶一般具有色泽较亮、滋味较鲜爽、香气较好等特点。

目前白化品种名优绿茶较多,最著名的当数浙江安吉白茶。安吉白茶是采用白叶1号茶树品种的鲜叶原料按照条形茶工艺加工而成的针芽形烘青绿茶。

白化品种名优绿茶的品质特点:成品茶外形凤尾形、挺直,嫩黄或嫩白鲜亮,汤色嫩绿明亮,香气清鲜馥郁,叶底嫩软成朵、嫩白鲜亮。

二、白化茶树品种简介

(一)白叶1号

1. 品种简介

又名安吉白茶,省级品种,原产浙江省安吉县山河乡大溪村,1998年经浙江省茶树品种审定小组认定为省级品种,编号:浙品认字第235号。

2. 新梢特性

春季萌发中等,较福鼎大白茶迟4天。芽叶生育力中等,持嫩性强。春季幼嫩芽叶呈玉白色,叶脉淡绿色,随着叶片成熟和气温升高,逐渐转为浅绿色;夏秋季芽叶均为绿色,茸毛中等。成熟叶片长椭圆形,叶色淡绿,叶面平,叶身稍内折,叶缘平,叶质较薄软。

白叶1号新梢

3. 栽培特性

抗寒性弱,抗旱性弱。适宜双条栽培,土壤要求肥沃,并且夏季高温时需要遮阴。

4. 加工特性

适制性广,适合制作扁形、卷曲形和针芽形名优绿茶,炒青名优绿茶成品茶呈金黄色,卷曲形名优绿茶呈绿色带黄色,针芽形名优绿茶呈绿色,叶底玉白色,有花香,滋味鲜爽,特色鲜明。

白叶1号采制的毛峰形名优绿茶　　　　白叶1号采制的扁形名优绿茶

（二）千年雪

1. 品种简介

由浙江省余姚市三七市镇德氏家茶场、宁波市林特科技推广中心、余姚市林特科技推广总站、浙江大学茶叶研究所于1998年从当地农家品种有性繁殖后代经单株选育而成，2008年经浙江省林木品种审定委员会审定认定为省级品种，编号：浙R-SV-CS-011-2008。

千年雪新梢

2. 新梢特性

植株高大，树姿半直立，分枝密而伸展能力较强。叶片呈上斜状着生，椭圆形，叶色绿、少光泽，叶面微隆，叶身平，叶缘平或背卷，叶尖圆尖，叶齿锐密深，叶质较软。千年雪属于低温敏感型新梢白化型茶树，5000℃年活动积温区域一芽二叶初展期在4月上旬。芽叶生育力较强，芽体中等偏短粗，茸毛少。日最高气温低于25℃时，春茶新芽萌展，初期粗壮、乳白色，后渐成绿茎、叶片雪白，随着萌展白化程度加强。后随着温度升高，叶背出现复绿，而叶面仍保持白色，在6~7月间完全返绿。

3. 栽培特性

浙江省内年活动积温小于5000℃以下区域、水源供给良好、生态优越的山地中性、酸性土壤适生。适宜作彩叶、常绿绿化灌木，每亩栽5500~6000株。分枝节间短，建议育苗时部分枝梢改一叶插为二叶插。

4. 加工特性

适制白茶、绿茶。白化一芽一叶初展为原料采制的扁形茶外形挺直壮实,色泽绿带嫩黄,叶底明亮,香气高鲜,滋味鲜甜;白化一芽二叶初展采制的宁波白茶外形色泽浅黄,香高鲜灵,滋味鲜醇;以返绿期采制的卷曲茶色泽绿,香气高而持久,滋味醇鲜。抗寒冻、霜冻性,以及抗旱性均很强。

三、白化品种名优绿茶加工技术

白化品种茶基本加工工艺为:鲜叶摊青→杀青→理条搓条→初烘→摊凉→焙干。

在整个加工过程中,各工序在制品的质量感官特征应符合如下要求。① 摊青叶感官质量特征:叶片发软,芽叶舒展,散发清香。② 杀青叶感官质量特征:叶色转暗绿,叶质柔软,手捏成团,略卷成条,折梗不断,具有清香。③ 理条叶感官质量特征:条索挺直。④ 初烘叶感官质量特征:茶条互不粘连,紧握不成团,松手即散,青气消失,稍有触手感。⑤ 焙干产品感官质量特征:条索紧直,茶条可用手指捻成粉末。

1. 鲜叶摊放

鲜叶摊放在阴凉通风处,摊至叶质柔软,手捏成团,茶梗弯曲不断,茶叶清香显露,失水率30%左右。摊放时间为10小时左右。

2. 杀青

采用6CLZ-60型名茶理条机进行杀青,槽体温度达150~180℃投叶,每槽投叶量80~100克。开始焖炒杀青1~2分钟,待叶温升高至70~80℃时加快多功能往复运动速度。抛炒茶叶时锅温略降低,炒茶时间为3分钟。完成杀青共需时间约7分钟。以叶色转暗绿,叶质柔软,手捏成团,略卷成条,折梗不断,具有清香,无青气,无焦边,无红梗红叶为宜。杀青叶失水率在40%~50%。

3. 理条

杀青后紧接着进行理条。理条前期转速慢,以理直条形为主;后期转速加快,使茶叶条索做紧。理条过程适当加压(压棒),使茶叶形状紧且略扁。理条出锅时茶叶失水率在70%~75%,时间2~3分钟。

4. 摊凉

将杀青叶薄摊在竹匾中,摊叶厚度1厘米,静置15~20分钟,待茶叶回软、水分分布均匀即进行初烘。

5. 初烘

一般可采用履带式或斗式烘干机进行烘干。履带式烘干机温度达到100~120℃、斗式烘干机温度达到80~90℃时,将杀青理条叶均匀薄摊于烘网上,烘至失水率为85%~90%即可出锅。整个过程可适当翻动烘干叶1~2次,但不能过多翻动以免影响干茶外形。时间以10~15分钟。

6. 摊凉回潮

将初烘叶薄摊于竹匾上,快速降温,进行摊凉回潮,使茶叶内外部水分重新均匀分布。时间约15分钟。

7. 复烘

采用斗式烘干机烘干。温度先高后低,上叶时烘干机温度为80~90℃,约5分钟后温度降至70~80℃,每隔4~5分钟翻动一次,直至足干,用手捻茶梗成粉末,即可下烘。时间10~15分钟。

第二节　黄化品种名优绿茶及加工技术

黄化品种名优绿茶是指采用黄化茶树品种的鲜叶作为原料,运用绿茶加工工艺制作而成的名优茶。

目前黄化茶树品种较多,现推广较多的主要有黄金芽、中黄1号等,现对其进行简单介绍。

一、黄色白化茶品种特点

目前生产上种植的黄化茶主要有黄金芽、御金香、黄金甲、醉金红、黄金芽家系种以及安吉、天台等地一些地方品种。其中,黄金芽为浙江省林业认定良种,御金香、黄金甲、醉金红等为国家植物新品种。这些黄化茶树品种有着共同的特性,也有着明显的种间差异。

其共性主要表现在:光照强弱是决定黄化的主要因子,在黄化的新梢生育期内,黄色程度与光照强弱呈正相关;黄化的细嫩新梢理化成分均具有高氨基酸、低茶多酚的特性,加工的茶叶感官较为鲜醇;黄色程度最大时色泽呈黄泛白色,黄色程度最小时色泽趋于绿色,与常规绿色茶树叶色一致;不管是细嫩新梢还是成熟枝梢,黄色程度加深时,抗逆性趋于下降。

种间差异主要表现在:黄色程度的差异、黄色持续周期的长短、茶叶品质的差异等。

二、黄化茶树品种简介

黄化特色名优绿茶是指芽叶色泽呈黄色白化的茶树细嫩芽叶,采用绿茶工艺制作的名优绿茶。

白化茶树按其芽叶白化的色泽分黄色、白色、复色等三类。黄色,即黄色白化,是指新梢白化后芽叶呈黄色化色泽,因此也称为"黄叶茶"。这类茶多属光照敏感型变异,也有少量属其他变异。芽叶色泽按黄色程度分为黄泛白、橙黄、金黄、黄色、浅黄、黄绿等。

(一) 黄金芽

1. 品种简介

省级品种,由浙江省余姚市三七市镇德氏家茶场、宁波市林特科技推广中心、宁波望海茶业发展有限公司、余姚市林特科技推广总站、浙江大学茶叶研究所选育而成,2008年经浙江省林木品种审定委员会审定认定为省级品种,编号:浙R-SV-CS-010-2008。是我国第一个黄色白化茶推广品种,现推广到浙江、江苏、江西、山东、云南等全国十多个省份。

2. 新梢特性

属光照敏感型茶树。春季萌发中等,春季幼嫩芽叶呈黄白色,芽小,茸毛多,春、夏、秋三轮次新梢均保持黄白色。成熟叶片批针形,叶色浅绿,叶面平,叶身平,叶缘平,黄化叶前期较柔软,后期叶缘明显增厚。

3. 栽培特性

抗寒性弱,抗旱性弱。适宜双条栽培,土壤要求肥沃,并且夏季高温时需要遮阴。采用立体采摘茶园模式,种植第二年春(即一足龄生长期)亩产干茶0.5千克以上,三、四、五年生茶园三年平均亩产干茶34.3千克,七年生茶园最高亩产(2011年,干茶)达到17.3千克。

4. 加工特性

黄金芽的春、夏、秋梢均能适制绿茶、红茶。绿茶感官品质:色泽突出"三黄",即干茶亮黄、汤色嫩黄、叶底明黄,其中春茶为亮绿显黄,夏、秋茶为纯黄亮丽、黄色程度明显超过春茶;香气浓郁、有瓜果韵味,特别持久悠长;滋味以醇、糯、鲜为主。原产地春、夏茶氨基酸含量分别达到7.5%、5.6%,远高于常规茶品种的氨基酸含量。

黄金芽茶秋季园景

（二）中黄1号

由中国农业科学院茶叶研究所、浙江天台九遮茶叶公司和天台县林业特产技术推广站联合选育，2013年经浙江省林木品种审定委员会审定认定为省级品种，编号：浙R-SV-CS-008-2013。

中黄1号

"中黄1号"茶树新品种来源于浙江省天台县当地茶树群体种的自然黄化突变体，经过单株鉴定、扩繁、品系比较实验等育种程序，历时15年选育而成。该品种春季新梢鹅黄色、颜色鲜亮，夏秋季新梢亦为淡黄色，成熟叶及树冠下部和内部叶片均呈绿色，一年生扦插苗为黄色。芽叶茸毛少，发芽密度较高，持嫩性

中黄1号秋季茶园

较好。春茶一芽二叶含氨基酸7.1%、茶多酚13.3%、咖啡因3.3%、水浸出物43.3%（干重），内含物配比协调。制成的茶叶外形色绿透金黄，嫩（栗）香持久，滋味鲜醇，叶底嫩黄鲜亮，特色明显，品质优异。

该品种克服了一般黄化或白化品种适应性差、抗逆性弱的缺陷，抗寒、抗旱能力明显高于其他黄化或白化品种，与普通绿茶品种相当，适应性强，易于栽培管理，有很大的推广潜力。

（三）御金香

原产于浙江省余姚市三七市镇德氏家茶场，原名郁金香，为2000年发现的光照敏感型、黄色系白化自然芽变茶树品种，2013年获得国家林业局新品种保护，是一个难得的多茶类、茶花、油料、园林绿化等多领域适用品种，现推广到浙江、江苏、江西等省份。

灌木型茶树品种、中叶种，椭圆形叶，树体直立、高大，树势强盛，易开花、结实，也易调控为营养生长优势；中生种，5000℃年积温区域一芽期在4月初，稍迟于黄金芽；芽重型品种，一芽一叶初展和一芽二叶初展百芽重分别为11.9~12.5克和18.5~25.5克，为同期黄金芽的115.7%~116.7%和138.1%~148.1%。采用立体采摘茶园模式，种植第二年春（即一足龄生长期）亩产干茶0.5千克以上；三、四、五年生茶园三年平均亩产干茶44.35千克，比同龄黄金芽茶高出29.3%；七年生茶园最高亩产（2011年，干茶）达到20.3千克。

自然条件下御金香的春、秋二季新梢均呈黄色，黄色程度随光照增强而上升。光照强度大于15000勒克斯时即能充分白化，最大黄化程度与黄金芽一致。夏、冬色呈绿色，越冬叶厚重、蜡质明显；抗逆性强，高度黄色白化程度时也稍有阳光灼伤等生理障碍现象产生，因此栽培容易，任何时期无须采取遮阴等特殊措施，适栽性广，可与黄金芽形成区域布局的互补。

御金香的春、秋梢白化叶适制绿茶、红茶、黄茶、铁观音，各类茶叶均具有非凡品质，且有明显个性，是当前难得的多茶类、多季珍稀高品位茶适应品种。同时,由于具广泛的栽培适应性,适宜在全国范围各茶区推广应用。

御金香的绿茶感官品质与黄金芽相似:色泽突出"三黄",即干茶亮黄、汤色嫩黄、叶底明黄,但春茶前期的干茶黄色程度稍逊黄金芽;香气浓郁、悠长;滋味醇厚、甘鲜,耐冲泡。原产地春茶氨基酸含量达到6.4%,引种到江苏溧阳后测得氨基酸含量最高达10%;秋茶氨基酸含量达到5.2%。

御金香春茶景色

(四) 黄金甲

原产于浙江省余姚市三七市镇德氏家茶场,为2004年以黄金芽母本育成的黄金芽家系品种。与亲本一样,为光照敏感型、黄色系白化茶,2013年申报国家林业局新品种保护。

灌木型茶树品种,树体直立、高大,易开花、结实,光、肥、水管理得当时生长势旺盛;中叶种,椭圆形叶,叶缘波状;早生种,5000℃年积温区域一叶期在3月下旬,2011~2013年一叶期平均比黄金芽提早5.7天。数量型品种,芽形秀长,萌芽能力强盛,一芽一叶初展长度

黄金甲秋茶树色

3.5厘米,百芽重比同期黄金芽高出9%。采用立体采摘茶园模式,种植第二年春(即一足龄生长期)亩产干茶0.5千克以上,成龄后产量与黄金芽接近。

自然条件下,黄色白化性状与黄金芽一致。春、夏、秋三季新梢均呈黄色,黄色程度随光照增强而上升。光照强度大于15000勒克斯时即能充分白化,适宜光照范围是15000~60000勒克斯,且每季新梢能维持数个月黄色甚至不返绿,从而使茶园周年保持金黄满园的美丽景观。抗高温干旱、抗阳光灼伤能力与黄金芽基本接近,因此栽培上要选择光照相对较少、肥水充足的东北向坡地、谷地种植,幼龄期宜采取高秆植物间作或人工遮阴等减光措施。

春、夏、秋梢均能适制绿茶、红茶,品质非凡,具有明显个性,远胜于常规名茶,是当前难得的早生型珍稀高品位茶和优质夏秋茶生产品种。绿茶感官品质:色泽突出"三黄",即干茶亮黄、汤色嫩黄、叶底明黄,其中春茶为亮绿显黄,夏、秋茶为纯黄亮丽,黄色程度明显超过春茶;香气浓郁、有瓜果韵,特别持久悠长;滋味以醇、糯、鲜为主。2012年春茶氨基酸含量为9.4%,远高于同期黄金芽茶氨基酸含量水平。

三、黄化品种茶种植栽培技术要点

黄色白化茶因其种性不同,栽培要求也有着与常规品种所不同的特殊要求。其特殊要求主要表现在以下方面:

（一）立地条件

黄金芽及家系品种由于黄化程度高，对环境生态要求相对较高；御金香因夏季返绿，树势强盛，对立地条件要求与常规品种相同。

从黄金芽的适生范围要求来说，宜暖不宜寒，据各地引种实践，一般选择在年活动积温大于4200℃、极端最低气温不低于零下7℃的区域，而御金香则可在全国广大宜茶区域种植；从绿茶适制要求来说，南方种植黄金芽、御金香等黄化品种，可以大幅度降低绿茶苦味，提高鲜爽度，因此有利于扩大我国绿茶的种植范围。

由于茶园多数分布在地形复杂的山地中，因此在茶园立地条件选择中，黄金芽及家品种应选择面向东北、土质肥厚、水分供应相对充沛的坡地、谷地，而御金香可选择面向西南、土质瘠薄、相对干燥的坡地、山脊地段，各取优势立地条件。同时，在大面积栽培时，可以形成不同采期的搭配，有利于生产和劳力的合理调剂。

（二）茶园管理

黄色白化茶与常规品种茶园的管理不同之处主要在于光照及其影响下水分、抗逆性等要素管理，就品种来讲，主要是黄金芽及其家系品种，而御金香则基本与常规茶树相同。黄金芽及其家系品种的茶园管理关键主要是茶行郁闭前管理方法。树龄越小，茶园覆盖度越低，光照等相关管理的个性化技术特征越明显。

1. 光照管理

要求是保证茶树新梢基本绿色、不黄化，从而确保茶树旺盛生长势。从光照强度测算，种植当年新茶园一般遮去晴天光照的50%~70%，第二年茶园遮去晴天光照的30%~50%，三龄后成年茶园遮去晴天光照的30%，确保成活率和生长势。

一、二年生茶园遮阴的时期是4月中下旬到9月下旬。4月上旬前，要提前做好准备。在茶芽萌展三、四叶后（4月中下旬），应及时覆盖,即使是当年进行茶行套种的茶园,也必须进行覆盖,确保晴天减少50%~70%的光照量。如遇连续阴雨天,如梅雨季节,则一定要揭去遮阴网,确保有足够的光照维持茶树生长。晴天时则要重新覆盖。

遮阴可采用中心高度离地约70厘米的小拱棚,也可采用高棚覆盖。当前遮阴网的宽度一般在2米左右,因此可一分为二, 也可定制1米宽的网,遮住顶部而留出两侧。但对于阳光直射强的地段,仍以全遮阴为宜。

竹制小拱棚

秋冬栽培的新茶园,宜以小拱棚覆盖薄膜后再覆盖50%的遮阴网。薄膜主要保护越冬成活率,对于高山地段十分重要,而遮阴网主要为平衡棚内温度,防止大风吹刮损伤。

2. 温度管理

主要进行冬季冻害和高温管理。冬季冻害可采用上述小拱棚覆盖薄膜。如要确保茶树生长,最好在第一、第二年都进行冬季覆盖。高温往往与晴天连在一起,主要是在春茶中后期和夏季高温时对茶苗进行防护,在遮阴条件下结合水分管理进行。

3. 水肥管理

夏、秋连续干旱半个月以上时应及时进行供水。梅雨季节和冬季来临前及时进行疏沟排水,避免积水引起烂根死亡。幼龄茶园宜采用尿素或复合肥液浇施,浓度不超过1%,施肥时间从第一轮茶苗生长停止后,即5月底开始到9月中下旬,除夏季高温干旱外,每月一次;采用沟施颗粒或粉状肥料时,应远离根部,并控制用肥量为每亩5千克左右,梅雨季和9月上旬各施一次。

4. 树冠修剪

与常规茶园一样。幼龄茶园每年秋季在上一年度剪口位置提高10~15厘米修剪,以培养茶树树冠。成龄茶园每年春茶结束后深修剪,夏、秋季留养枝条。

四、黄化品种名优绿茶加工茶类与品质特点

(一)鲜叶质量与特性

鲜叶质量是决定茶叶品质的基础。黄色白化茶鲜叶质量包括芽叶嫩度、芽叶形态、茸毫状况以及黄色程度等要素。在生产上,嫩度主要由人为决定,其他则由种性决定。

在上述品种中,御金香属于中等茸毫品种,其他品种均属少毫类种。从芽叶形态看,不同品种间有着较大差异,御金香在一芽一叶时的芽形短而粗壮,而一芽三叶初展后伸展明显;黄金芽、醉金红在一芽一叶时较为细小,一芽二叶后节间伸长;黄金甲在一芽一叶起即显秀长。详见表5-1。

表5-1　黄色白化茶不同嫩度芽叶质量

品种	一芽一叶		一芽三叶	
	芽叶长度/厘米	百芽重/克	芽叶长度/厘米	百芽重/克
黄金芽	3.0	9.9	5.25	32.3
黄金甲	3.5	10.8	5.85	39.8
醉金红	3.1	10.0	5.15	37.3
御金香	3.2	14.1	6.65	52.8

黄色程度是衡量黄色白化茶鲜叶质量好坏的独特要求,在同一季节、同等嫩度条件下,鲜叶色泽越黄,加工的绿茶品质就越好。而芽叶的黄色程度往往因品种和生育期的光照强度不同存在较大差异。一般而言,黄金芽及其家系种的春、夏、秋三季鲜叶黄色程度明显,春茶的中后期鲜叶黄色程度又黄于前期;御金香则在春、秋两季新梢呈黄色、夏梢呈绿色。光照偏弱的茶园往往黄色程度相对不明显,尤其是嫩度在一芽一叶以上的春茶前期茶芽容易出现偏绿现象,御金香尤为明显,前期春芽容易出现黄色程度不明显的状态;光照强的茶园或生育期茶芽容易出现红色状况,醉金红茶的中后期春茶及夏秋季新梢显得尤为明显。根据这些规律,可考虑不同芽叶的鲜叶采摘标准。

(二) 茶类适制性

黄金芽及其家系种因春、夏、秋三季均呈黄色,内质成分趋于高氨低酚,因此三季均可生产特色名优绿茶,夏秋茶内质可超过一般春茶品质;御金香的夏梢因绿色而与常规绿茶品种一样,不适于优质名优绿茶生产。

黄色鲜叶所加工的茶叶干茶外观也呈黄色,成为黄色茶特有品质,但在不同名优绿茶加工工艺时,产品感官会有所差异。较难掌握的扁形茶工艺,稍有不当,会形成枯黄、灰黄等无光泽现象,黄色的美观程度会受到影响;稍经揉捻、蟠卷的茶叶,则容易形成明黄、鲜亮的美观色感。

芽形不同,名优绿茶适制差异较大。一芽一叶时,黄金芽、醉金红、御金香等三个品种适制扁形、芽形茶,而黄金甲适制条形茶、针形茶、曲形茶;一芽二叶后,则加工成卷、蟠等曲形茶更为合理。

因此,综合考虑,按十分适合(+++)、适合(++)、基本适合(+)、不适合(-)等进行分类,各品种不同嫩度的名优绿茶适制性可参见表5-2。

表5-2　不同品种名优绿茶工艺适制性

嫩度	品种	扁形	芽形	条形	针形	卷曲	蟠曲
一芽一叶	黄金芽	+	++	+++	+++	+	+
	黄金甲	−	+	+++	+++	++	++
	醉金红	+	++	+++	+++	+	+
	御金香	++	+++	++	+	−	−
一芽二叶	黄金芽	−	+	++	++	++	++
	黄金甲	−	−	++	++	++	++
	醉金红	−	+	++	++	++	++
	御金香	−	+	+	+	++	++

（三）品质特点

黄色茶加工的名优绿茶共同特色是：干茶色泽黄、汤色黄、叶底黄，即"三黄"，与传统绿茶的感官品质存在极大差异。黄金芽及家系种的夏、秋茶的黄色程度比春茶更为明显，因此，上述品种只要鲜叶色泽相近，加工的干茶色泽也趋于接近。

中黄2号加工的扁形名优绿茶

　　黄色茶的内在品质总体上呈现高氨低酚的特征。与白叶茶相似,黄色茶氨基酸与茶多酚呈负相关,氨基酸总体水平比常规高出1倍以上,同时茶多酚仅为常规绿茶的一半左右,因此在感官上呈现出鲜、醇为代表的滋味,而香气则显得较为浓郁,常带花果香味。

　　与低温敏感型白化茶仅局限于春茶优质的情况不同,黄色茶的夏秋茶品质也十分突出。分析其原因,黄金芽的夏茶氨基酸含量高达5.6%,御金香的秋茶则高达5.2%,远高于一般春茶的品质指标。

第三节　紫芽品种名优绿茶及加工技术

一、紫芽品种名优绿茶

　　紫芽品种名优绿茶是指采用紫芽茶树品种的鲜叶作为原料,运用绿茶加工工艺制作而成的名优茶。

二、紫芽茶树品种简介

　　这里主要介绍茶树品种紫娟。

1.品种简介

　　紫娟由云南省农业科学院茶叶研究所于1985年由该所大叶群体品种茶园中发现的一株芽、叶、嫩茎都为紫色的茶树选育而成。因该单株茶树具有紫芽、紫叶、紫茎的特征, 并且所制烘青绿茶干茶和茶汤皆为紫色,故取名为"紫娟"。该品种已于2005年11月28日由国家林业局植物新品种保护办

紫娟茶树品种

公室授权保护。目前,云南西双版纳、普洱等茶区有一定面积的种植,其他茶区有少量引种。

2. 特征特性

树姿半开张,分枝部位较高,分枝密度中等,叶片呈上斜着生。叶长椭圆形,叶尖渐尖,叶色紫红色,叶柄呈紫红色,叶质较硬,叶面平滑,叶缘平整,锯齿浅、钝、稀。芽叶较肥壮,紫红色,茸毛多,一芽三叶百芽重为115克。花冠直径4.10厘米,花瓣5~6瓣,色泽白含绿,质地软;花萼5片,花萼和花梗呈浅紫色;花瓣、花萼和花梗无茸毛,花柱3裂,子房茸毛多。普洱茶树良种场春芽萌发期在2月下旬,3月下旬至4月上旬为一芽三叶盛期。育芽力强,发芽密度中等,持嫩性强。春茶一芽二叶蒸青样中含茶多酚35.5%、氨基酸3.5%、水浸出物44.6%。适制红茶、普洱茶。制工夫红茶,条索紧实褐红,汤色褐红明亮,香气高,有特殊香气,滋味醇厚回甘;制普洱生茶,条索紧实、紫黑色有光泽,汤色紫红色,有特殊香气,滋味浓厚回甘。扦插繁殖能力强,成活率高。抗寒、抗旱、抗病虫能力强。熟地适栽性中等。产量中等偏低,6~10足龄茶树平均亩产一芽三叶干茶115.6千克。

3. 栽培特性

适宜在云南的普洱、临沧、西双版纳、保山、大理、德宏、红河、楚雄等大叶茶种植地区,海拔1000~2000米,最低气温不低于-5℃茶区引种栽培。深挖种植沟,施足基肥。育苗移栽采用双行单株方式种植,每亩栽2600~3000株。

4. 加工特性

制名优普洱茶生茶,以一芽一叶或一芽二叶初展鲜叶为原料,采用杀青→揉捻→干燥(日晒)→晒青毛茶(普洱茶原料)→蒸压→普洱茶生茶紧压茶工艺,关键技术是杀青、揉捻程度的控,达到色、香、味、形协调。

三、紫芽品种加工工艺及品质特点

紫芽茶树品种目前不多，其加工工艺研究也极少，一般可以采用传统针芽形、毛峰形和卷曲形名优绿茶加工工艺技术。其采制的毛峰形名优绿茶外形呈墨绿色，汤色泛紫，叶底呈靛青色，具有紫芽茶树品种特有的品种特点。

第六章 CHAPTER SIX
名优绿茶栽培管理技术

第一节　名优绿茶新茶园建设

　　茶树是多年生作物，一次栽种，多年受益。名优茶茶园建设要坚持生态化、良种化、机械化原则，实现茶园优质高效和可持续发展的目标。生态茶园是在同一块地块上以茶树为主要物种，通过在茶园路边地角或茶行中套种、混种、间种果树、经济林木等其他植物，人为地创造良好的多物种生态环境，使茶树生长与茶园生态系统和谐统一，是保持茶叶可持续发展的新栽培模式。茶树品种是决定名优茶产量、鲜叶质量和成品茶质量最重要的因素。在建园时，要根据当地生产的茶类，结合当地生态条件确定主要栽培品种及搭配品种，扬长避短，充分发挥不同茶树良种在产量、抗性、适应性及品质特征等方面的综合效应。在茶园建园时，根据茶园实际情况，尽可能考虑茶园机耕、机剪、机采的要求，力争实现茶园耕作和剪采等管理机械化，以提高管理工效，降低劳动强度和生产成本。所以，在茶树种植前应先做好茶园规划与开垦，内容包括园地选择、园区规划、土壤开垦、茶行布局等。

一、园地选择与园区规划

（一）园地选择

　　根据茶树生长习性，要选择土壤酸性、土层80厘米以上、土体中无隔层、不积水的地块建立茶园。一般地形坡度不超过30度，有映山红、马尾松、铁芒萁等植物生长的土壤都适合茶树种植。

（二）园区规划

园区规划包括道路的设置和划区分块、排蓄水系统的设置及生态系统的配置等。

1. 道路

根据茶园面积和需要设置不同规格的道路，可分为干道、支道和操作道，互相连接组成道路网。茶园道路的设置既要便于茶园管理和运输畅通，又要尽量缩短路程，少占园地面积。

2. 排水沟、蓄水池

山区和丘陵茶园需设置排水沟、蓄水池，既可防止雨水径流冲刷茶园土壤，又可蓄水抗旱和解决施肥、喷药用水。蓄水池一般5~10亩面积设置一个。

3. 防护林

对于山地茶园，为防护茶园不受灾害性干寒风和大风侵袭，在茶园山顶上风口、荒地和四周营造防护林带、隔离带。丘陵茶园四周种植隔离带，要选择植株高大、挡风力强，适应当地土壤、气候条件，并与茶树无共生病虫害的树木。

茶园防风林

4. 行道树

不论是山地茶园还是丘陵茶园,都应在茶园主干道或支道的两旁或一边,或沿茶园周围渠道边种植行道树,树种以高干树和矮干树相搭配,最好选择能适应当地气候条件、生长较快的和有一定经济价值的树木。

茶园行道树

5. 茶、树间作

可在空地较大的间隙处、园角等茶园空旷地,选择适宜本地生长、病虫害少、经济效益高的优良果树品种或根系分布深、植株高大,能

茶、树间作

与茶树共生的乔木树种与茶树间作。如间作在茶行中,注意不可过密,控制在每亩5~8株,遮阴率低于30%。

二、土壤开垦与茶行布局

(一)土壤开垦

茶园土壤开垦是名优茶园建设的关键工程,目的是全面清理地面的杂草、树木、乱石等,整理地形,深翻土壤并予以熟化,为栽种茶苗以及茶树生长发育创造良好的土壤环境和地形条件。要求全园土层深翻80厘米以上。一般采用机械化作业,工效高,进度快,深浅一致。注意不要漏耕。

针对山垄田改种茶叶的基地,因山垄田原来是种水稻的,水稻田有底隔,不透水,不透气,阻隔茶叶根系生长,所以要在土壤开垦时把山垄田底隔打破,并开好排水沟,控制地下水位在80厘米以下。

(二)茶行布局

茶行长度一般50~100米,茶行的方向和宽度要求一致,以适应机械化。如果是地形规则、地势条件差异不大的新茶园,可以把茶行长度设计成44米（1.5米行距,444米/亩,44米为0.1亩）或66米一行（0.15亩）,利于平时施肥治虫时的量化操作。茶行在布局上要做到与路或沟平行。对山区或缓坡地段种植行的布局应掌握等高不等宽的原则,横向排列,便于机械操作和进出茶园。

(三)茶行深翻与施底肥

实践表明,种植前的深耕与施底肥是名优茶园快速成园与持续高产的保证。在茶树种植前,结合深耕进一步平整土地,根据确定的茶行划线开好施肥沟。施肥沟的深度和宽度视肥料类别及数量多少而定,宽度要大于种植面,单行种植以30~50厘米为宜,双行种植以

60~80厘米为宜,深度一般在30~50厘米。底肥以有机肥为主,配施磷肥。有机肥可以是饼肥、畜禽粪便、沼气肥、作物秸秆、商品有机肥等,选用其中一种或多种混合施入。用量视运输和经济条件而定,尽量多施。如施用以改土为主的有机肥如菌棒废料、蚕粪、猪粪等有机肥,用量可以达到5000千克/亩。磷肥可以选用过磷酸钙,用量为每亩50~100千克。施后与土壤拌匀覆土。开施肥沟和覆土可以用小型挖土机进行。

人工开底肥沟　　　　　　　　　机械开底肥沟

目前,许多新茶园种植前都经过造田或造地项目的土地整理。这类茶园由于经过机械的过度开垦,往往土层浅薄贫瘠、土壤结构破坏殆尽,如果直接进行茶苗种植,会造成大量死苗或僵苗。对这类过于贫瘠的土壤, 建议在土壤开垦时大量施用以改土为主的有机肥,均匀拌入0~80厘米的土层中,并闲置半年或一年,让土壤自然长草或种植豆科类绿肥进行熟化,并于种植前1个月在0~20厘米的土壤中施入适量的复合肥或有机肥,以增加土壤肥力。用量为复合肥10~20千克/亩,有机肥100~200千克/亩。有机肥施用前要先进行堆渥腐熟。肥料结合种植前的深耕均匀地施入0~20厘米的土壤中,但注意不要过量施用。

三、选择品种与种植规格

（一）品种搭配

选择的茶树品种首先要适制当地茶类、适应当地栽培条件。然后根据茶树发芽迟早进行搭配,生产名优绿茶的茶园可以按早、中、迟生品种的比例为6∶3∶1进行配置。同时,尽可能选择春茶发芽叶色泽一致或相近、芽头大小长短相近的品种搭配。

（二）种植规格

种植规格是指茶园中茶树行距、株距(丛距)及每丛定苗数。

一般江南、江北种植灌木型中、小叶种茶树的茶区,大多采用单行种植或双行种植。单行种植行距在1.4~1.5米,丛距33厘米左右,每丛用苗2~3株,每亩用苗数3000~4000株;双行种植一般大行距1.5米,小行距30厘米,丛距30~40厘米,每丛2株,每亩用苗量3500~4500株。合理密植是茶叶增产的重要条件之一。在上述建议的亩用苗数量范围内,茶叶产量会随着种植密度的增加而增加,但如种植密度超过一定限度,其增产效应就不明显,甚至有下降的趋势。

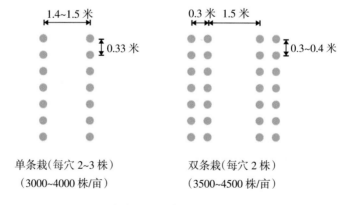

种植规格示意图

如是茶苗分枝角度小、分枝能力较弱的半开展型茶树,其行距、丛距可以适当缩小;反之,行距、丛距适当放宽。坡度较大或土层浅薄、土质结构较差的茶园,行距、丛距适当缩小。同一地区种植,年平均气温较低的高海拔山区可适当地增加种植密度和培养低型的茶树,以减少低温对茶树的影响,行距可缩小到1.0~1.3米,丛距可缩小到20厘米左右。浙江茶区生产实践证明,半山区或丘陵地园东北面朝向的茶园其春茶萌发时间更早一些,需进行品种搭配种植的茶园,建议东北朝向的地块可以种植特早生的品种,更利于早发品种优势发挥。

四、茶苗移栽

(一)茶苗质量

茶苗质量的好坏与移栽后的成活率和生长密切相关。优先选择苗木生长健壮、苗高30厘米以上、茎粗0.3厘米、分枝1~2个、根系发达、无严重病虫为害的无性系茶苗进行定植。目前茶苗扦插普遍较密,茶苗苗高达到一定标准之后,并不是越高越好,而是要注意茶苗茎粗,而且要确保茶苗15厘米以下的枝干上有叶片着生,否则茶苗移植后经过定型修剪,变成光杆,不利于成活。

合格茶苗　　　　不合格茶苗

合格茶苗与不合格茶苗示意图

(二)移栽时间

茶苗移栽的最适宜时期在茶苗地上部处于休眠时或雨季来临之前,此时移栽容易成活。我国江南以种植中、小叶种的绿茶产区在晚秋或早春时都可以移栽。晚秋移栽效果更好,因晚秋移栽后地上部分虽已进入休眠,但茶苗根系尚能长出部分新根,翌年春天茶苗即可进入正常生长。在高海拔或冬季常有干旱或严重冰冻的地区,则以早春移栽为宜。

(三) 移栽种植

就近带土移栽成活率最高,故茶苗尽量就近采购,起苗后及时定植。土壤深耕平整土地后,先划线定行,再开种植沟。如果种植前要施基肥的,则沟深20~30厘米,施入腐熟的有机肥,每米种植沟施0.5~1千克,施后覆土5~10厘米。种植时避免根系与肥料直接接触,以免肥害或伤根。如果种植前不施用基肥,则开沟深度10~15厘米。定植时,一丛中茶苗之间不要挨得太紧,相互间留有一定的空隙。注意根系舒展,逐步加土,层层踩紧踏实,使土壤与茶苗根系密接,不宜过深过浅。种好后浇足定根水。种植时要注意丛距均匀,可以每人持一根木棒,木棒长度为事先确定的种植丛距,以确保每丛丛距均等,既美观,又能准确控制每亩用苗数。每丛的茶苗要选择大小均匀一致的,避免因大小不匀的茶苗种植在同一丛内影响小苗生长。种植后,每隔10行在行间加种1~2行备用苗,以备第二年补苗用。备用苗的种植标准和行间种植一样,2~3株/丛,便于第二年补苗时可以整丛带土移栽。

拉线开种植沟　　　　　　开好沟后施入基肥

施肥后覆土5~10厘米　　按确定的株数、丛距进行种植

种植后压实根际土壤,浇足定根水,并进行定型修剪

第二节　名优绿茶幼龄茶园管理技术

一、定型修剪

　　定型修剪主要起培养树冠骨架、促进分枝、扩大树冠的作用。定型修剪主要用于幼龄茶树,但也适用于台刈、重修剪改造后树冠骨架的培养。茶苗移栽后必须进行定型修剪,为培养优质高效树冠骨架奠定坚实的基础。以生产名优绿茶为主的,单行和双行种植的中、小叶种茶树定型修剪一般进行3次。第一次在茶苗移栽定植后进行,

离地15~20厘米剪去上部枝叶。第二次定型修剪一般在上次修剪一
年后进行,即在移栽一周年的春茶前或春茶后进行。若茶树生长旺
盛,树高达到55~60厘米的,可在春茶前进行;如茶树生长高度不够,
可在春茶生长一段时间或春茶生长结束后再进行第二次定型修剪。
修剪高度在上次剪口上提高15~20厘米,即离地30~40厘米进行。第
二次定型修剪以前,不要对茶树进行采摘,以确保茶树分枝结构合
理,骨干枝粗壮。第三次定型修剪在第二次定型修剪一年后进行,即
茶苗移栽两周年时进行。若茶苗生长旺盛,可以适当地打顶采摘春
茶。打顶采摘注意要采高养低,采顶留侧,采强扶弱,并要提早结束
春茶采摘进行第三次定型修剪。第三次定型修剪高度在上次剪口基
础上再提高10~15厘米。

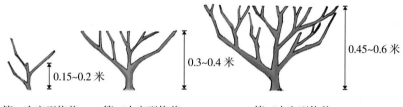

第一次定型修剪　　第二次定型修剪　　　　　第三次定型修剪

三次定型修剪示意图

二、覆盖保苗

　　茶苗移栽后,有条件的茶园在茶行间铺上稻草、糠壳、锯木屑、
杂草等进行覆盖,这对提高茶苗成活率效果明显。茶树行间覆盖还
可以调节茶园土壤温度,减轻旱害和冻害;保蓄土壤水分,减少水土
流失;覆盖物腐烂后分解大量的有机质,能改善土壤通透性,提高土
壤肥力,同时对茶园杂草也有明显的抑制作用。一般来说,新种茶
园由于进行了定型修剪,茶苗高度只有15~20厘米,故覆盖厚度以
5~8厘米为宜。随着茶苗长高,覆盖厚度可以增加到8~10厘米。

种植后茶行进行覆盖　　　　　　茶行空当套种绿肥

三、施肥

（一）追肥

茶苗移栽前施用的底肥在土壤30厘米以下深度,茶苗移栽1~2年中吸收不到底肥营养。如果茶苗移栽前没施用基肥的,则在茶苗移栽后的2~3年内,采用少量多次的追肥技术,可以提高移栽茶苗成活率及明显加快茶苗生长速度。具体措施为:在3~9月茶树生长季节每月撒施15：15：15氮、磷、钾比例的高浓度复合肥,年施肥量茶苗移栽后第一年5~10千克/亩,第二年10~20千克/亩,第三年20~40千克/亩。如果是秋季移栽的茶苗,可以在春茶萌发前开始每月一次或隔月一次进行施用;如果是春季移栽的茶苗,则在移栽3个月茶苗成活后再开始施肥。根据全年追肥次数和施肥量折算出每次用量,撒施在茶苗根际部。特别要注意移栽第一年、第二年的小茶苗追肥不在于数量多而是要少量多次,否则会适得其反,造成伤苗而影响茶苗成活率及生长速度。建议移栽第一年第一次施复合肥1千克/亩,以后每次增加0.5千克/亩,最多到每次2.5千克/亩,一年追肥3~6次。

（二）基肥

在当年茶树停止生长后施入的肥料称为基肥。新种茶园的基肥施用，浙江茶区建议在9月下旬到10月下旬之间开沟施用。基肥施用量可以根据茶园土壤肥力进行调整，茶园土壤肥沃，茶苗移栽前的深垦和深耕都做到位了的，同时追肥每月施用的，则移栽后第一年的秋季可以不施基肥。茶园土壤基础较差或移栽前基础工作没做到位的，则应该结合深翻施基肥，基肥以有机肥为主，以培肥土壤，改善土壤的理化性质，提高土壤保肥供肥的能力。有机肥如饼肥（菜饼、豆饼等）、堆肥（禽畜粪肥）、商品有机肥等，正常施用量为150~500千克/亩。如果茶园土壤基础较差，则可以大量使用，以改善土壤结构，增加土壤肥力。

四、除草

幼龄茶园一定要注意及时清除园内杂草，严防草荒。新种茶园由于茶苗小，茶树覆盖度低，往往杂草的发生量大，危害严重。幼龄茶园杂草清除主要以人工为主，在浙江茶区，要抓住6~7月梅雨季节和8~9月初秋两个时间段。梅雨季节的温湿度特别适宜杂草生长，如不及时清除，与茶苗争水、争光、争肥，会严重影响茶苗生长。8~9月在杂草结籽成熟前进行清除，可以有效减少来年杂草的数量。移栽第一年特别要注意茶苗根部杂草要手工拔除，以免松动茶苗根部土壤，造成死苗。同时注意要在高温来临之前及时清除茶园杂草，否则在夏季高温季节因除草使茶苗突然暴露在强烈的阳光下，影响茶苗成活。第二年后除草可以和松土施肥活动相结合。

与茶苗长在一起的杂草手工拔除

五、缺株补苗

　　新种茶园茶苗成活率高低直接影响成龄后茶园的经济效益,确保新茶园全苗是幼龄茶园管理的重要内容之一。茶园中有整丛死亡的就要进行补苗,先利用种在行间的备用苗带土移栽补苗,缺一丛补一丛。如果当年茶苗死亡较多,备用苗不够补,则先把成活的大苗移并到一起,集中腾出一定面积的空地,把土壤重新深翻后再采购小茶苗进行种植。切勿用小苗在成活的大茶苗夹缝里进行补缺。浙江茶区补苗适宜时间在10月中旬至11月下旬之间。

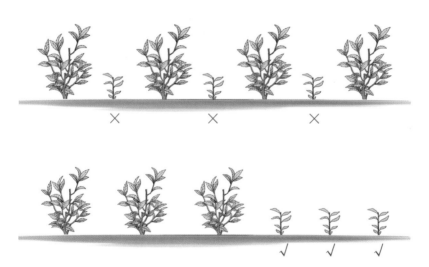

新建茶园缺株补苗示意图(大苗并归,集中空出地块移栽小苗)

第三节　名优绿茶成龄茶园管理技术

　　名优绿茶投产茶园肥培管理技术主要包括茶树修剪、茶园施肥和土壤耕作三个方面。

一、茶树修剪

修剪是茶树优质高效树冠培养最重要的手段之一。目前,以生产名优绿茶为主的中、小叶种茶树,其修剪方法包括打顶、轻修剪、深修剪、重修剪、台刈、定型修剪等。其中,打顶和轻修剪主要起整理树冠和控制树高的作用;深修剪、重修剪和台刈的主要目的是更新复壮树冠;定型修剪主要起培养树冠骨架、促进分枝、扩大树冠的作用。打顶、轻修剪、深修剪和重修剪是生产名优绿茶为主的投产茶园最常用的修剪方法。台刈和定型修剪主要针对严重衰败的群体种茶园。

打顶是把茶树顶端的嫩梢人工摘除。

轻修剪是将当年生长的部分枝叶剪去,一般在上次剪口的基础上提高3~5厘米进行轻度修剪,或剪去树冠面上的突出枝条和树冠表面3~10厘米枝叶。

深修剪一般剪去树冠表面10~15厘米的枝叶,以剪除"鸡爪枝"为原则。夏、秋茶留养不采的名优茶园,可以每年春茶采摘结束后进行一次深修剪。

重修剪一般剪去茶树树冠的1/3~1/2,通常是离地40~50厘米剪去地上部树冠。生产名优绿茶的茶园,重修剪一般在春茶采摘结束后进行。

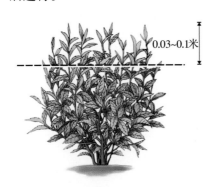

茶树轻修剪

0.03~0.1米

深修剪

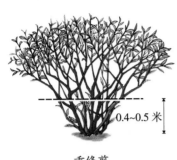

重修剪   台刈

名优绿茶生产茶园，一般以采摘春茶为主，春茶芽头的质量和产量直接影响茶园的经济效益。通过每年春茶后的深修剪或重修剪，留养夏秋枝条，以培养健壮的生长枝，为来年春茶积累较多的养分与腋芽，保证翌年春茶品质好、产量高。

浙江茶区修剪一般在5月下旬至6月中旬之间进行，根据不同品种茶树分枝能力及生产名茶品种，适当调整，以控制茶树夏秋茶新梢的生长。根据茶树长势，一般采用深修剪或重修剪方式。较年轻的无性系种植或刚台刈改造后的茶园，以深修剪为主，3~4次深修剪后进行一次重修剪；随着茶树树龄逐步缩短深修剪周期。

扁形茶和毛峰茶产区，一般以一芽一叶至一芽二叶标准采摘，可以在7月下旬至8月上旬之间进行一次轻修剪或打顶，以促进茶树新梢分枝，增加茶蓬采摘密度；10月下旬茶树停止生长后再进行一次打顶，促进明年春茶侧芽早发。针芽茶产区采摘单芽的茶园，春茶修剪后蓬面不建议进行再修剪，让修剪后长出的新梢尽量向上生长，减少新梢分枝，确保春茶芽头肥壮度。

二、茶园施肥

生产茶园施肥可分为基肥、追肥、叶面肥等几种。名优绿茶施肥

应掌握重施有机肥,重视基肥,适当施用无机速效肥;重视氮、磷、钾三大肥料与其他微量元素肥料的搭配施用,做到平衡施肥。

（一）基肥

1. 施肥时间

基肥原则上在茶季结束后立即施用。不能在冬季施用基肥,一方面开沟对茶树根系造成的伤害不易恢复,影响茶树越冬;另一方面冬季茶树根系的吸收能力低,对施入的肥料吸收很少。基肥也不能过早施用,如遇到晚秋温度偏高的年份,过早施用会使部分越冬芽萌发,除了影响翌年春茶产量,还不利于茶树过冬。在浙江茶区,基肥一般在9月底到10月底之间施用。条栽茶园结合深耕开沟施用。

2. 肥料品种

基肥以有机肥为主,适当配施一部分速效氮肥。有机肥富含多种营养元素,对提高茶叶产量和品质有着重要的作用,同时能增加土壤有机质含量,加快土壤熟化,促进土壤团粒结构的形成,提高土壤保水保肥能力,促进茶树根系生长和新梢发育。有机肥营养较全面,能够较持久地补充茶园土壤中微量元素的不足,增加鲜叶有效内含物的合成,是提高名优绿茶品质和产量的重要保证。

施肥数量:基肥的用量取决于茶园生产水平和选择的肥料品种。根据国家茶产业技术体系栽培研究室推荐,生产茶园全年合理的氮肥用量为20~30千克/亩。

3. 施用方法

利用茶树根系向肥性的特点,基肥适当深施可诱导茶树根系向深层土壤发展,提高茶树对土壤养分和水分的利用能力,有利于加强茶树的抗旱和抗寒能力,因此基肥通常结合深耕施用。成龄茶树根系水平生长范围稍大于树冠的扩张面,大部分吸收根分布在20~40厘米的土层内,施基肥时可在与树冠边缘垂直的下方深20厘米左右部位施用。

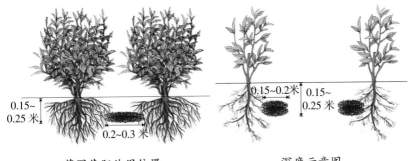

茶园基肥施用位置　　　　　深度示意图

（二）追肥

茶树地上部生长期间施用的肥料通称为茶园追肥。追肥可分为催芽肥（春茶追肥）、夏茶追肥和秋茶追肥三种。采摘春茶、夏秋茶留养枝条的名优绿茶生产茶园，追肥只施用催芽肥和夏茶追肥。

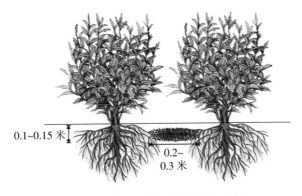

茶园追肥施用位置、深度示意图

1. 催芽肥

催芽肥的施用效果与施用时间关系密切，不同品种的茶树春茶发芽时间差异较大，其催芽肥的施肥时间也各不相同。在春茶采摘前30天左右施入，对春茶产量帮助最大。肥料品种以速效氮肥为主，使用量占全年用量的30%~40%。

2. 夏茶追肥

夏茶追肥在春茶结束进行修剪时施用,用量为全年的20%左右。最好在茶树修剪前结合中耕施用,再把修剪枝叶覆盖在茶行上,利于茶树根系吸收利用。

三、土壤耕作

名优绿茶生产茶园耕作一般可分为浅耕和深耕两种类型,成龄的常规种植的生产茶园如果覆盖度高的可以实行免耕。

(一)浅耕

浅耕深度为10~15厘米,名优绿茶生产茶园一般在春茶结束后进行,或结合夏茶追肥进行。春茶采摘时因采茶工反复踩踏,茶园行间土壤易板结,进行土壤浅耕有利于茶树根系生长,恢复茶树生机。浅耕结合施肥最好在茶树修剪前进行,因以采摘春茶为主的名优茶园一般春茶结束后都要进行深修剪或重修剪,修剪有大量新鲜的茶树修剪枝叶堆积在茶行中,厚度能达到20~30厘米,堆积这些枝叶会影响茶园耕用和施肥。

(二)深耕

深耕能促进茶园底土熟化,加快杂草腐烂,提高土壤肥力,并使表层中的虫、菌深埋底层窒息死亡,而使底部根系害虫翻至土表暴晒死亡。深耕位置在茶树树冠外沿投影处,避免太靠近茶树根部。深耕虽

深翻宽度垂直于茶蓬边缘

0.2~0.3米

深耕位置、深度示意图

然会伤部分根系,但可刺激新根生长,重新形成有较高吸收功能的有效根。成龄茶园一般深耕宽度为30~50厘米,深度为20~30厘米。浙江茶区深耕可以在8月、9月伏天进行,或在10月秋季茶树停止生长后结合施基肥进行。

(三) 免耕

成龄的常规种植的生产茶园如果具备以下条件的,可以免耕。一是土壤在种植前经过较彻底的深耕,并配施大量有机肥,有效土层内土体疏松,通透条件良好;二是茶树地上部蓬面大,行间已封行或基本封行,茶丛行间郁闭,无杂草生长;三是茶树根系发达,两行茶树之间的根系相互交错生长,表层吸收根多;四是茶树修剪枝叶多,行间土壤积有丰富的落叶层;五是施肥水平高,每年能面施大量质量较高的有机肥;六是伏天干旱季节行间实行铺草。

四、名优绿茶鲜叶采摘技术

目前,高档名优绿茶的鲜叶采摘还是依靠人工,是典型的劳动密集型作业。采工的组织管理合理与否,对采茶质量和经济效益影响极大。因此,要贯彻合理采摘,必须从搞好采工组织管理入手,制订合理的采工定额和编制,加强对采工的管理和技术指导。目前浙江茶区管理较好的无性系成龄茶园,如要及时把春茶鲜叶采摘完,高峰期则每亩茶园至少需安排一个采茶工。每年开采前应对采茶工提出具体任务,落实有关经济政策,培训采摘技术,使每个采茶工都心中有数。平时要加强对采茶工的指导与检查,检查时不仅要检查茶篮中的芽叶是否符合要求,而且要检查树上的留叶状况和采摘净度。在采摘管理上,可以把采茶工分小组分地块安排,进行分片承包负责,每块地、每行茶依次轮流采摘,严禁采茶工满山跑,跳行采、以免发生采批混乱和漏采情况。

（一）采摘标准

不同的名优绿茶其鲜叶采摘标准也不同,如加工针芽形茶需采摘单芽,加工扁形茶、毛峰茶则以一芽一叶初展为主。但不管是采单芽还是一芽一叶的茶叶,都要求同批次采摘标准一致,老嫩均匀一致,成熟度不一的鲜叶要分批分次采。

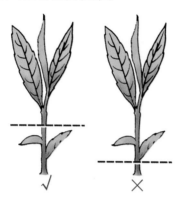

不带鲜叶采摘示意图

（二）采摘时期

在手工采茶的情况下,茶树开采期宜早不宜迟,以略早为好。如果品种单一,洪峰期集中或采茶工紧张,为避免来不及采摘造成损失,可以通过修剪等措施调节茶树发芽高峰期,利于分期分批采摘,如对确实来不及采摘的茶园通过春茶前的轻修剪以推迟春茶采摘时间。

名优绿茶的鲜叶采摘精细严格,要求鲜叶细嫩、完整、均匀,采时用手将芽头折断,忌用指甲掐采,不夹带鳞片、茶果、鱼叶、老枝叶等。采下的鲜叶要用干净、通风性好的竹编网茶篮或篓筐进行盛装,芽叶不能受挤压,并及时运到加工厂。

第四节　茶园管理机械

一、茶园耕作机械

茶园人工耕作已进行了千百年。为了节约茶园耕作的劳动消耗，自20世纪中期以来，茶园耕作机械化逐步进入人们的视线。目前，应用于茶园中耕除草、施肥、深耕等作业的主要机型为小型手扶拖拉机、履带式茶园耕作机以及高地隙茶园管理机等。

（一）小型手扶拖拉机

小型手扶拖拉机在我国山区茶园中广泛运用，通过配套犁、旋耕机及拖车等管理工具，手扶前行对茶园进行耕作管理。小型手扶拖拉机优点在于灵活轻便，易操作。其最小轮距一般为50~60厘米，转弯半径一般在40厘米左右，在狭小的茶行之间也能使用。功率一般为2.2~3.7千瓦，中耕除草效率较高，配备施肥机进行施肥操作，每小时工效能达到1700米^2。

小型手扶拖拉机

（二）高地隙茶园管理机

近年来，随着劳动力价格的不断提高，茶园除草、中耕、植保、施肥、采茶等管理成本在茶叶生产成本中所占比例越来越大，而手扶式拖拉机不能适应大规模茶园的机械化管理需求，需要管理效果更好、功效更大的大型茶园管理机械对茶园进行管理。由于茶树有一定高度而且行间距较小，大型管理机械进入茶园的问题一直难以解决。目前，高地隙履带自走式茶园管理机通过横跨茶棚驶入狭窄的茶行间进行作业，解决了茶行狭窄不便于管理机进入的问题。

以农业部南京农业机械化研究所研制的高地隙履带自走式茶园管理机为例，其履带宽度为24厘米，可自由进入茶行之间进行作业，相较于小型茶园管理机工效更高，每小时除草效率达到4500米²，深松效率达到6000米²，但由于其转弯半径为1.15米，爬坡能力一般，且难以在岔行茶园中操作，对茶园的建设要求较高，适宜在大型平地茶园使用。

高地隙履带自走式茶园管理机

二、采茶与修剪机械

（一）采茶机

传统的采茶方式以手工采摘为主，这种采摘方式方便简单，鲜叶质量高，但需要耗费大量的时间和人力。随着社会经济的不断发展，劳动力成本不断上升，茶叶的生产成本日益增高，采茶机因其具有功效高、成本低的特点，逐渐应用在当前的鲜叶采摘上。

1. 单人采茶机

单人采茶机由一人操作使用，机器轻便，操作灵活，不受地形条件的限制。以川崎公司的NV45(60)单人采茶机为例，动力机采用背负式汽油机，主要适用于陡坡、梯田茶园的采茶作业。以2人为一个操作组，台时工效0.5亩/小时，是手工作业的15倍左右。

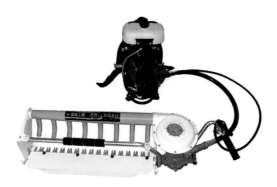

单人采茶机

2. 双人采茶机

双人采茶机由双人操作使用,根据切割器不同分为平形和弧形两种类型,适用于平地和小丘岭地带各种条栽、密植茶园的采摘作业。以川崎公司的SV双人采茶机为例,双人采茶机以3~4人为一个操作组,台时工效约1.5亩/小时,是手工采茶的20倍以上,采摘成本约为手工采茶的25%。

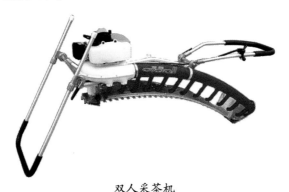

双人采茶机

3. 采茶机的使用与保养

采茶机使用较为简便,但由于机械采用的是锋利的切割刀,如操作有误,会有极大风险。使用采茶机前务必仔细阅读使用说明,将机械的功能以及运用注意事项弄清晰。在身体不适、用了伤风药之

后或喝酒之后,请勿运用采茶机。首次运用时,务必先请有经验者对采茶机的用法进行指点后,方可开始实践。

采茶机的保养维护主要包括动力、传动和刀具三部分。

(1)动力。采茶机使用的是汽油和机油的混合油,正常使用时的汽油、机油比是25:1,当然如果是高速运转,工作强度较大时,可以提高浓度。要及时注意拆下消音器,清除排气道中的积炭,以免积炭过多进入缸体,引起拉缸。要检查更换空气过滤器、火花塞等,每工作一箱油后,最好休息10分钟左右。

(2)传动。传动装置的维护需要注意的是每工作4小时最好加注润滑脂一次,每次用油枪压实10~15次。压实前先试压一下,以防空压。每两周须将箱内的润滑脂清洗干净,再重新加注。

(3)刀具。刀具的维护主要是确保每天作业后及时清洗刀片上的污物并加机油。定期检查刀具上、下刃的间隙并及时调整等。还有刀架必须每天滴注机油等润滑剂,保持刀口锋利。在刀架的后半部分,也就是齿轮传动室,必须按时加注黄油以延长机械寿命。

(二)修剪机

传统的茶园修剪通常采用整枝剪、篱剪、台刈剪、锯、砍刀等工具进行人工修剪。传统的修剪方式,应用便利,但工效低、耗时长。随着社会的发展,茶树修剪机以其工效高、成本低的特点逐渐在茶园中得到了广泛运用。茶树修剪机是茶园管理专用作业机械,用于茶树的轻修剪、定型修剪、深修剪、重修剪、台刈等作业场合。以往,茶树修剪多是用修枝剪刀进行手工修剪,费时费力,作业质量较差。对于机械化茶园来说,要保证树冠整齐,形成理想的茶树采摘面,实现机械化采茶,就必须采用机械化修剪作业。

1. 轻修剪机

轻修剪机为用于对茶树实施5~10厘米轻修剪的机具,由刀片、把手、防护板、导叶板、汽油机、传动箱、油门组成,一般刀齿细长,汽油机功率较小，分为单人茶树轻修剪机和双人茶树轻修剪机两种。轻修剪机根据修剪需求不同，刀片分为平形和弧形两种，绿茶产区一般采用弧形刀片进行修剪。

2. 重修剪机

重修剪机为用于对茶树实施离地面约30厘米重修剪的机具。其刀齿较宽厚，汽油机功率大，切割器刀片为平形，幅宽80厘米或120厘米。重修剪机分为手抬式和轮式两种，轮式相较于手抬式增加了行走轮与操作把手。手抬式由3人手抬，轮式由2人拖拉跨行操作，每小时可修剪茶园0.75~1亩。

3. 深修剪机

深修剪机为用于对茶树实施深度为15~20厘米深修剪的机具，使用机械与轻修剪基本相同，也分为单人茶树修剪机和双人茶树修剪机。不同点在于轻修剪机刀齿细长、发动机功率较小，而深修剪机刀齿宽短、发动机功率较大。

4. 台刈机

台刈机又称为割灌机，用于对茶树实施离地面5~10厘米台刈的机具。其采用圆盘形锯片，可根据切割茶树主干粗细选择一定直径和齿数的锯片。台刈机用于衰老茶树台刈改造时，选用圆盘锯片直径为22.5厘米或25厘米，齿数应大于等于80齿，切口平整，效率高。以川崎公司BZG-40茶树中割机为例，2人操作，工效为0.25亩/小时，是手工作业的8倍左右。

5. 修剪机的使用与保养

茶树修剪机的正确使用与保养，对于延长修剪机的使用寿命、保证修剪质量和提高工效方面都十分重要。

使用前应对整台机器的螺栓、螺母等固件进行检查，发现松动或脱落应及时固紧或补充，对需润滑的点加注润滑油，将混合好的燃油加入油箱（汽油：机油=25：1）。修剪机启动应按照说明书的操作方法进行，启动时刀片附近不能有障碍物，刀片应背向人手，脸应

避开刀片、汽油机排气口和吹叶风机出风口。机器启动后,应做1分钟短时间的低速运转,并做刀片等运转检查,一切正常后方可投入正常作业。

双人修剪机进行茶树修剪作业,由2人手抬跨行作业,操作者分别行走在修剪茶行相邻的两个行间内。一般把远离动力机一端的操作者称为主机手,发动机一端的操作者称为副机手。在进行茶树的定型修剪作业时,每行茶树一个行程即可完成。在修剪成龄茶树时,因蓬面较宽,往往需要一个往返即两个行程才能把一行茶树剪完。一般是先从主机手这一边剪起,用双人修剪机进行茶树修剪。在确定修剪高度后,操作者应将操作把手调节到自己最省力的角度。作业时,主机手倒退行走,并观察和掌握修剪位置和深度;副机手则前进行走,比主机手滞后40~50厘米,使机器刀片与茶行呈约60度的夹角。

单人修剪机进行茶树修剪或修边作业,可根据茶树蓬面形状和修剪程度灵活掌握,做蓬面修剪时,左手握汽油机侧把手,右手握刀杆把手;做修边时,两手分握汽油机侧面的两把手,刀片呈直立,稍向内倾斜,切割茶树侧枝,使茶树行间行成20厘米左右的通道。

三、植保机

进行有效的茶树病虫草害防治,是提高茶叶品质和产量的必要措施。目前在茶树上发现的病害有90多种,害虫有430余种,茶园杂草有100多种。应用植保机进行农药喷施是控制茶树病虫草害最有效、最主要的手段。

目前茶园中应用的施药机械按动力类型分为人力和机动两种,人力施药机械常用的有背负和单管两种形式,机动施药机械有背负和自走等形式。

(一)人工施药机械

人力施药机械主要为手动式茶园喷雾机。手动式茶园喷雾机是一种由手动产生压力而进行药液喷洒的喷雾机，由药液箱、活塞泵、驱动手柄、喷杆和喷头组成。由于其结构简单，使用方便，易于保养，购买价格低，防治效果较好，在茶园中广泛运用。但其采用大喷孔喷头，环境污染较重。

手动式茶园喷雾机

（二）机动施药机械

机动式茶园弥雾机是一种低容量的机动茶园植保机，具有喷雾和喷粉两种功能。弥雾机一般采用1千瓦的发动机，使用旋转喷头和可调流量开关，射程在9米以上，喷幅宽，粒谱集中，雾滴可以透到茶蓬内部，每公顷药液喷洒量为4.5~150升，每小时喷洒面积为1334米^{2}以上。通过加装塑料薄膜长软喷管，其可做茶园喷粉作业，每个行程能喷洒14行茶树，班作业面积13.3公顷，是目前使用最为广泛的机动茶园植保机。

弥雾机

超低容量茶园喷雾机是一种能够直接喷施油剂农药的施药机械，由电机、微电机、叶轮和药液瓶等结构组成。其农药利用率和防治效果好，但由于微电机易损坏，用液过浓易产生药害的原因在茶园中的应用日趋减少。

此外还有悬挂式茶园喷雾机等，但由于技术瓶颈，至今仍未得到大范围应用。

第七章　CHAPTER SEVEN
名优绿茶茶园灾害防御管理技术

第一节　名优绿茶茶园病虫害防治及管理技术

一、名优绿茶茶园主要病虫害及为害特征

名优绿茶茶园由于大部分不采摘夏秋茶,因此在病虫害的发生上与普通茶园有着较大的区别,如一般在春茶后采用重剪的措施而不采取多次采摘,极有利于假眼小绿叶蝉、茶橙瘿螨等害虫的暴发。

(一) 茶尺蠖

又称拱拱虫、量寸虫、吊丝虫。主要在长江中下游为害,尤以浙江、江苏、安徽等省为害严重。

1. 形态特征

成虫　体长9~12毫米,翅展20~30毫米。有灰翅型和黑翅型两类。黑翅型翅黑色,翅面线纹不明显。灰翅型全体灰白色,翅面疏披茶褐色或黑褐色鳞片,前翅有4条弯曲波状纹,外缘有7个小黑点;后翅有2条横纹,外缘有5个小黑点。秋季一般体色较深,线纹明显,体型也较大。

卵　椭圆形,长约0.8毫米,宽约0.8毫米,初产时鲜绿色,后渐变为黄

茶尺蠖虫害

绿色,再转灰褐色,近孵化时为黑色。常数十粒、百余粒重叠成堆,稀覆有白色絮状物。

幼虫 1龄幼虫体黑色,后期呈褐色,体长1.8~4.0毫米,第一至第三腹节背中部具4个白点,呈正方形排列;第一至第六腹节气门处有3个白点,呈三角形排列。2龄幼虫体黑褐色至褐色,体长4.0~7.0毫米,腹节上的白点消失,后期在第一、第二腹节背出现2个明显的黑色斑点。3龄幼虫茶褐色,体长7.0~12.0毫米,第二腹节背面出现"八"字形黑纹,第八腹节上有倒"八"字形斑纹。4~5龄幼虫体色呈深褐至灰褐色,体长12.0~32.0毫米,自腹部第五节起背面出现黑色斑纹及双重棱形纹。

蛹 长椭圆形,赭褐色。臀刺近三角形,末端有分叉短刺。

2. 为害特征

大发生时可将成片茶园食成光秃,严重影响茶叶产量和品质。初孵幼虫十分活泼,善吐丝,有趋光、趋嫩性。3龄前幼虫在茶园中有明显的发虫中心。幼虫喜取食嫩芽叶,待嫩芽叶食尽后则取食老叶。1龄幼虫取食嫩叶叶肉,留下表皮,被害

茶尺蠖为害状

叶呈现褐色点状凹斑;2龄幼虫能穿孔,或自叶缘咬食,形成缺刻(花边叶);3龄起则能全叶取食。3龄前食量较低,3龄后食量猛增,以末龄食量最大。

3. 发生规律

茶尺蠖在浙江、江苏、安徽等省茶区一年发生5~6代,以蛹在茶树根际附近土壤中越冬,次年2月下旬至3月上旬开始羽化。第一代卵在4月上旬开始孵化,孵化高峰期在4月中下旬;第二代孵化高峰

期在6月上中旬,全年高峰期为8月。

(二) 茶丽纹象甲

又名黑绿象虫、小绿象鼻虫、长角青象虫、花鸡娘。国内主要分布于长江流域以南省(区)。

1. 形态特征

成虫　体长6~7毫米,灰黑色。体背具有由黄绿色、闪金光的鳞片集成的斑点和条纹,腹面散生黄绿或绿色鳞片。触角膝状,柄节较直而细长,端部3节膨大。复眼近于头的背面,略突出。前胸背板宽大于长,两侧略圆。鞘翅上也具黄绿色纵带,近中央处有较宽的黑色横纹。

茶丽纹象甲形态特征

卵　椭圆形,0.48~0.57毫米,初为黄白色,后渐变为暗灰色。

幼虫　头圆,淡黄。体长5.0~6.2毫米,体多横皱,无足,乳白色至黄白色。

茶丽纹象甲为害特征

蛹　长椭圆形,长5.0~6.2毫米,羽化前灰褐色,头顶及各体节背面有刺突6~8枚,胸部的刺突较为明显。土茧椭圆形,长6~7毫米。

2. 为害特征

成虫咀食嫩叶,被害叶呈现不规则形的缺刻,大发生时严重影响茶叶产量和品质。

3. 发生规律

茶丽纹象甲在我国茶区一年1代,以幼虫在茶园土壤中越冬。在福建,越冬幼虫在3~4月间陆续化蛹,4月中旬起成虫相继出土,5月是成虫为害高峰。

(三)假眼小绿叶蝉

是我国茶区茶树叶蝉类的优势种,也是我国茶区分布最广的一种重要茶树害虫,分布遍及我国所有茶区。

1. 形态特征

成虫　淡绿至黄绿色,从头顶至翅端长3.1~3.8毫米。头冠中域大多有2个绿色斑点,头前缘有1对绿色圈(假单眼),复眼灰褐色。中胸小盾片上有白色条带。前翅淡黄绿色,前缘基部绿色,翅端微烟褐色。足和体同色,但各足胫节端部及跗节绿色。

卵　新月形,长0.8毫米,初产时乳白色,后渐变为淡绿色,孵化前前端可透见1对红色眼点。

若虫　共5龄。1龄若虫体长0.8~0.9毫米,体乳白色,复眼突出明显,头大体纤细;2龄若虫体长0.9~1.1毫米,体淡黄色,体节分明;3龄若虫体长1.2~1.8毫米,体淡绿色,腹部明显增大,翅芽开始显露;4龄若虫体长1.9~2.0毫米,体淡绿色,翅芽明显可见;5龄若虫体长2.0~2.2毫米,体草绿色,翅芽伸达第五腹节,第四腹节膨大。

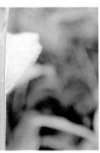

假眼小绿叶蝉

2. 为害特征

假眼小绿叶蝉以成虫和若虫吸取茶树汁液,影响茶树营养物质的正常输送,导致茶树芽叶失水、生长迟缓、焦边、焦叶,严重影响茶叶产量和品质。茶树受害后,其发展过程分为失水期、红脉期、焦边期、枯焦期。

假眼小绿叶蝉为害叶片

(1)失水期。指茶树芽叶在雨天或有晨露时,看起来生长正常,但在阳光照射下随茶树的蒸腾作用,芽叶呈凋萎状。

(2)红脉期。茶树受害较重,输导组织受到了破坏,养分和水分输送受阻,嫩叶背的叶脉表现出明显的红变,叶片失去光泽。

(3)焦边期。在红脉期的基础上,继续受害,芽叶严重失水,嫩叶即从叶尖或叶边缘开始焦枯,叶片基本停止生长、变形。

(4)枯焦期。在焦边期的基础上继续发展而成,叶片完全得不到维持基本生命所必需的营养物质和水分,芽叶完全停止生长,芽及已展叶呈红褐色至褐色焦枯,茶树丧失了生产能力,严重时成片茶园似火烧状。

假眼小绿叶蝉在我国长江中下游茶区,一般年份可使夏、秋茶损失10%~15%,重害年份损失可高达50%以上。此外,受假眼小绿叶蝉为害后的芽叶,在加工过程中易断碎,碎、末茶增加,成品率降低,易产生烟焦味,对茶叶品质有严重的影响。

3. 发生规律

假眼小绿叶蝉年发生代数因地区而异,在长江流域茶区一年发生9~11代,福建省一年发生11~12代,广东省一年发生12~13代,海南省一年发生13代以上。在一年中的消长,因地理条件及环境气候条件的不同而有较大的差异,基本上有三种类型,即双峰型、迟单峰型及早单峰型。

(四) 黑刺粉虱

又称橘刺粉虱,是我国茶区发生范围较广的一种茶树主要害虫。长江下游至华南地区受害严重,局部成灾。

1. 形态特征

成虫　雄成虫平均体长1.01毫米,翅展2.23毫米;雌成虫平均体长1.18毫米,翅展3.11毫米。体橙黄至橙红色,体背有黑斑。前翅紫褐色,周围有7个不规则形白斑;后翅淡褐色,无斑纹。静止时呈屋脊状。

黑刺粉虱成虫　　　　　　　　黑刺粉虱若虫

卵　长椭圆形,略弯曲,似香蕉状,有一短柄,初产时乳白色,后渐变为橙黄色至棕黄色,近孵化时紫褐色。

若虫　扁平,椭圆形,共3龄。初孵幼虫体长约0.25毫米,淡黄色,后变黑色,体背有刺状物6对,背部有2条弯曲的白纵线。2龄幼虫体黑色,背渐隆起,背部有刺状物8对,体背附1龄幼虫蜕皮壳,平均体长约0.5毫米。3龄幼虫体黑色,四周覆白色粉状蜡,背隆起,有刺状物29(雄)~30(雌)对,刺状物披针状、不竖立,体背附1、2龄幼虫蜕皮壳,平均体长约0.7毫米。

伪蛹　蛹壳宽椭圆形,长1.0~1.2毫米,宽0.7~0.75毫米。背面隆起,漆黑色而有光泽,四周敷白色水珠状蜡。背部刺状物数量同3龄幼虫,但刺状物竖立。

2. 为害特征

黑刺粉虱以幼虫吸取茶树汁液,并排泄蜜露,招致煤菌寄生,诱发煤污病,严重时茶树一片漆黑。受害茶树光合效率降低,发芽密度下降,育芽能力差,发芽迟,芽叶瘦弱,茶树落叶严重,不仅影响茶叶产量和品质,而且严重影响茶树树势。

3. 发生规律

黑刺粉虱在我国茶区一年发生4代,均以幼虫在茶树中、下部叶背越冬。在浙江省杭州市,1~4代卵孵化高峰期分别在5月中旬、6月下旬、9月中旬、10月中旬。

(五) 长白蚧

又称长白介壳虫、梨长白介壳虫、梨白片盾蚧、茶虱子等。国内分布普遍。

1. 形态特征

介壳 雌虫介壳长茄形,长1.68~1.80毫米,暗棕色,其上常覆灰白色蜡质;壳点一个,突出在前端;介壳直或略弯。雄虫介壳略小,直而较狭,白色,壳点突出于前端。

成虫 雌成虫纺锤形,淡黄色,体长0.6~1.4毫米,腹部分节明显。臀叶2对,第一对较大,略呈三角形。雄成虫体长0.48~0.66毫米,翅展1.28~1.60毫米,体细长,淡紫色。触角丝状,10节,每节上簇生感觉毛。具白色、半透明前翅1对,后翅退化,胸足3对。腹末有一细长的交配器。

卵 一般呈椭圆形,亦有不规则形的,0.20~0.27毫米,淡紫色,孵化后的卵壳为白色。

长白蚧卵

若虫　共2(雄)~3(雌)龄。1龄若虫椭圆形,淡紫色,体长0.20~0.39毫米,腹末有2根尾毛,触角、足发达,固定后缩于体下,体背覆有白色蜡质。2龄若虫淡紫、淡黄或橙黄色,体长0.36~0.92毫米,触角和足消失,披白色蜡,介壳前端附一个浅褐色的1龄若虫蜕皮壳。3龄(雌)若虫淡黄色,梨形,腹部后端3~4节向前拱起,介壳比2龄宽大,颜色较深,蜡质物呈灰白色。

前蛹(雄)　长椭圆形,淡紫色,触角、翅芽、足均开始显露,腹末有2根尾毛。

蛹(雄)　细长,长0.66~0.85毫米,淡紫至紫色,触角、翅芽、足明显,腹末有一针状交配器。

2. 为害特征

长白蚧以若虫及雌成虫固定在茶树枝叶上,吸取茶树汁液,造成茶树发芽稀少、芽叶瘦小、叶张薄、对夹叶增加,连续为害2~3年便可使采摘枝枯死,继之可使茶树主枝枯死,是茶树的一种毁灭性害虫。

3. 发生规律

长白蚧在浙江、湖南等长江中下游茶区一年发生3代。在浙江,3月下旬成虫初见,第一代卵在5月上旬开始孵化,5月下旬为孵化高峰期,成虫6月下旬初见;第二代卵在7月上旬开始孵化,7月中下旬为孵化高峰期,成虫在8月上旬初见;第三代卵在8月下旬开始孵化,9月上中旬为孵化高峰期。

(六)茶蚜

又称茶二叉蚜、可可蚜,俗称蜜虫、腻虫、油虫。国内分布于江苏、浙江、安徽、江西等省。

1. 形态特征

成蚜　有翅成蚜体长约2.0毫米,黑褐色,有光泽;触角第三节至第五节依次渐短,第三节上一般有5~6个感觉圈排成一列;前翅中脉二分叉;腹部背侧有4对黑斑,腹管短于触角第四节,而长于尾片,基部有网纹。有翅若蚜棕褐色,触角第三至第五节几乎等长,感觉圈不明显,翅芽乳白色。

无翅成蚜近卵圆形, 稍肥大,棕褐色,体表多细密淡黄色横列网纹;触角黑色,第三节上无感觉圈,第三至第五节依次渐短。无翅若蚜浅棕色或淡黄色。

卵 长椭圆形, 长约0.6毫米,一端稍细,漆黑色而有光泽。

茶蚜形态特征

2. 为害特征

茶蚜聚集在新梢嫩叶背及嫩茎上刺吸汁液,受害芽叶萎缩,伸展停滞甚至枯竭。其排泄的蜜露,可招致霉菌寄生。被害芽叶制成干茶色暗汤混浊,带腥味,对茶叶产量和品质均有严重的影响。

茶蚜为害状

3. 发生规律

茶蚜在安徽一带茶区一年发生25代以上,以卵在茶树叶背越冬;在华南则多以无翅蚜越冬,甚至没有明显的越冬现象。以卵越冬的,在早春2月下旬当日平均气温持续在4℃以上时越冬卵开始孵化,3月上中旬可达到孵化高峰,经连续孤雌生殖,到4月下旬至5月上中旬出现为害高峰。此后随气温升高而虫口骤落,直至9月下旬至10月中旬虫口又复回升,出现第二次为害高峰,并随气温下降,出现两性蚜,交配产卵越冬。产卵高峰期一般在11月上中旬。在长江中下游茶区,茶蚜的为害一年中有两次为害高峰,即春茶和秋茶,春茶的受害程度往往重于秋茶。

（七）茶橙瘿螨

又称茶刺叶瘿螨，属蜱螨目瘿螨科。已知国内分布于山东、江苏、安徽、浙江、江西、福建、台湾、湖南、广东、海南、广西等省、自治区。

1. 形态特征

成螨　长圆锥形，体长0.14~0.19毫米，宽约0.06毫米，黄至橙红色。前体段较宽，后体段渐细，似胡萝卜状。足2对，伸向前方，其末端有羽状爪。后体段有细密的环纹，背面约30个，腹面60~65个，末端有1对尾毛。

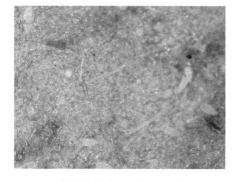

茶橙瘿螨成虫、若虫和卵

卵　球形，径约0.04毫米，无色，半透明，有水珠状光泽，近孵化时色混浊。

幼螨　无色至淡黄色，体长约0.08毫米，宽约0.03毫米，体形似成螨，但后体环纹不明显。

若螨　淡橘黄色，体长约0.1毫米，宽约0.04毫米，后体段环纹仍然不明显。

螨类为害状

2. 为害特征

茶橙瘿螨以成螨和幼、若螨刺吸茶树汁液，在螨量少时被害不明显；螨量较多时使被害叶呈现黄绿色，叶片主脉发红，叶片失去光泽；严重被害时叶背出现褐色锈斑，芽叶萎缩、干枯，状似火烧,造成大量落叶,对茶叶产量、品质和树势均有严重的影响。

3. 发生规律

茶橙瘿螨在茶叶生育季节卵期一般为2.1~7.3天,幼、若螨期2.0~6.4天,产卵前期1~2天,在浙江省一年约发生25代,台湾省一年发生30代。各虫态均可越冬,越冬场所大多在成、老叶背面。茶橙瘿螨大量地行孤雌生殖,卵散产于嫩叶背面,尤以侧脉凹陷处居多。茶橙瘿螨在茶树上的分布,以茶丛上部为多,其次为中下部,而且以背面居多。在一芽二叶的芽叶上,以芽下第二叶最多,其次是鱼叶,再次是芽下第一叶,以芽上最少。

(八) 茶炭疽病

在各产茶省均有发生,以西南茶区发生较重。近年来,浙江省茶区推广龙井43品种后,病害扩大蔓延。

1. 为害性

一般多发生在成叶上,老叶和嫩叶偶尔发病。秋季发病严重的茶园,翌年春茶产量明显下降。

2. 症状

先从叶缘或叶尖产生水浸状暗绿色病斑,后沿叶脉扩大成不规则形病斑,红褐色,后期变灰白色,病健分界明显。病斑正面密生许多黑色细小突起粒点(病菌的分生孢子盘),病斑上无轮纹。发病重的茶园,可引起大量落叶。

茶炭疽病染病叶片

3. 发生规律

病原以菌丝体在病叶组织中越冬。全年以梅雨期和秋雨期发生最重。品种间有明显的抗病性差异,一般大叶品种抗病力强,而龙井43等品种易受感染。

二、名优绿茶茶园主要病虫害防治技术

在防治理念上,名优绿茶茶园与常规茶园一致,应遵循病虫害综合治理的理念,将化学防治作为最后的手段。在部分防治指标等方面,可以根据名优茶生产的情况,对长势良好的茶园害虫防治的指标进行适当调整。名优茶园病虫害防治的主要方法包括农业防治、物理防治、生物防治和化学防治。

(一)农业防治

农业防治是指通过各种茶园栽培管理措施预防和控制茶树病虫害的方法。

(1)维护和改善茶园生态环境。可在茶园及周边种植防风林、行道树、遮阴树,增加茶园周围植被的丰富度,改善生态环境,降低病虫害发生概率。

(2)选用和搭配不同茶树良种。在换种改植或发展新茶园时,应选用对当地主要病虫抗性较强的良种。在大面积种植新茶园时,要选择和搭配不同的无性系茶树良种,避免一个地区大量种植同一品种,防止由于良种抗性变化或病原菌、害虫的适应性改变而造成病虫害暴发或流行。

(3)加强茶园管理,包括中耕除草、合理施肥、及时排灌等内容。中耕除草一般夏秋季浅翻1~2次,可将茶尺蠖的蛹、茶毛虫的蛹、茶丽纹象甲的幼虫和蛹等暴露于土壤表面或被杀死。秋末结合施基肥进行茶园深耕,可将在表土和落叶层中越冬的害虫及多种病原菌深埋入土,也可将深土层中的越冬害虫翻至土壤表面,减少来年种群密度。勤除杂草可以减轻假眼小绿叶蝉为害。在化学防治前先铲除杂草,可提高防治效果。增施有机肥可减轻蚧、螨类的发生。要根据茶树所需养分进行平衡施肥或测土施肥,基肥应以农家肥、沤肥、堆

肥、枯饼等有机肥为主,适当补充磷钾肥。氮肥施用量应根据茶园产量予以确定,以补足因采叶而损耗的氮素量为标准。对地下水位高和地势低洼、靠近水源的茶园,要注意开沟排水,这对多种根部病害(如茶红根腐病、茶紫纹羽病等)有显著预防效果,对藻斑病、茶长棉蚧、黑刺粉虱也有一定的抑制作用。

(4)适时修剪。采用不同程度的修剪可剪除有病虫枝条,对钻蛀类害虫和枝干病害有较好的防治作用。对郁闭茶园进行疏枝通风,可抑制蚧类、粉虱类害虫。对病虫严重为害的茶树可进行台刈,修剪或台刈下来的带病虫枝叶及时清理出园并集中烧毁。

(二)物理防治

物理防治是指应用各种物理因子和机械设备来灭杀病虫,主要是利用害虫的趋性、群集性、食性,通过性信息素、光、色等诱杀或机械捕捉害虫。

(1)灯光诱杀。采用频振式杀虫灯可诱杀鳞翅目害虫,从而减轻田间成虫发生量,减少下一代害虫的发生。使用时应避开天敌高峰期,要根据害虫和天敌数量比例进行合理使用。

(2)性信息素诱杀。直接利用雌蛾对雄蛾进行性引诱,方法是将刚羽化尚未交尾的雌蛾置于笼内,悬挂在田间,在其下方置一有少量洗衣粉的水盆,诱集并消灭雄蛾。也可采用田间悬挂含性引诱剂的诱芯,如茶毛虫性诱剂诱芯,诱集并杀灭雄虫。

(3)食饵和色泽诱杀。常用有糖醋诱蛾法,即将糖、醋和黄酒按4.5:4.5:1的比例,放入锅中微火熬煮成糊状,一部分倒入盆钵底部,一部分涂抹在盆钵壁上,再将盆钵放在茶园中,卷叶蛾、地老虎等害虫飞入盆钵取食时触及糖醋液被粘住而死。另外,用米糠、麦麸等在锅中炒出香味,与杀虫剂拌混后直接堆放于田间,可用以诱杀地老虎幼虫或白蚁、蟋蟀等杂食性害虫。还可在田间设置黄、绿有色粘板,诱杀茶蚜、蓟马、假眼小绿叶蝉等害虫,起到抑制害虫种群的作用。

（三）生物防治

生物防治主要是保护天敌和利用天敌，一般生物防治必须和其他防治方法配合使用，以取得良好效果。

（1）保护茶园害虫天敌。在茶园周围种防护林和行道树，或采用茶林间作、茶果间作，幼龄茶园间种绿肥，夏、秋季在茶树行间铺草的方法，给天敌创造良好的栖息、繁殖场所。进行茶园耕作、修剪等人为干扰较大的农活时给天敌一个缓冲地带，减少对天敌的损伤。可将修剪下来的茶枝条堆放在茶园附近，茶枝条上的某些害虫（螨）因不能及时获得食料而饿死，寄生蜂则可飞回茶园。部分寄生性天敌昆虫（寄生蜂、寄生蝇）和捕食性天敌昆虫（食蚜蝇）羽化后，需吮吸花蜜进行补充营养才能产卵繁殖，可在茶园周围种植一些不同开花期的蜜源植物，以延长天敌寿命和增加产卵量，同时也可美化茶园环境。

（2）释放天敌动物，增加茶园天敌数量。捕食螨、寄生蜂等天敌经室内人工饲养后释放到茶园田间，可控制相应的害虫（螨）。捕食螨中的德氏钝绥螨可防治茶跗线螨，胡瓜钝绥螨可防治茶橙瘿螨。寄生蜂如赤眼蜂可用于防治茶小卷叶蛾，绒茧蜂可用于防治茶尺蠖等。

（3）应用病原微生物控制茶园害虫。常见微生物制剂有病毒制剂、细菌制剂和真菌制剂等。白僵菌是一种病原真菌，对各种鳞翅目害虫幼虫有较好效果，对假眼小绿叶蝉和茶丽纹象甲也有一定压抑作用，在我国茶区已推广应用。苏云金杆菌作为细菌性病原微生物，对茶园鳞翅目害虫的幼虫有良好防治效果，已在茶叶生产中广为应用。目前核型多角体病毒（NPV）已有商品化的产品，如茶尺蠖核型多角体病毒、茶毛虫核型多角体病毒在茶叶生产中已大面积使用。

（四）化学防治

化学防治是茶园最常用的病虫害防治方法，具有速效、使用简便、受环境影响小等特点。当病虫害暴发时,化学农药具有歼灭性效力,在短时间内即可收到理想的防治效果。但化学农药如使用不当,会产生一系列副作用,如造成环境污染、农药残留、抗药性和病虫害再度猖獗等。因此,安全、合理、有效地使用化学农药是茶园化学防治的关键。农药防治应关注:

(1)茶叶中的农药残留。

(2)茶园农药的安全合理使用,包括合理选用农药,注意农药的安全间隔期。农药安全间隔期要根据害虫的分布情况选择喷药方式。

三、名优绿茶茶园的常见病虫害防治方法

(一) 茶尺蠖

1. 保护天敌

尽量减少用药次数,保护天然的寄生性和捕食性天敌。

2. 清园灭蛹

结合茶园秋冬季管理,清除树冠下落叶及表土中的虫蛹。

3. 培土杀蛹

在茶树根颈四周培土10厘米左右,并加镇压,可防止越冬蛹羽化的成虫出土。

4. 喷施病毒

茶尺蠖核型多角体病毒对茶尺蠖幼虫有很强的感病率,施毒时期掌握在1、2龄幼虫期。

5. 化学防治

用农药防治应严格按防治指标,成龄投产茶园的防治指标为每亩幼虫量4500头。施药适期掌握在3龄前幼虫期。全面施药的重点代是第四代,其次是第三、第五代,第一、第二代提倡挑治。施药方式以低容量蓬面扫喷为宜。药剂可选用2.5%三氟氯氰菊酯(功夫,每亩用

药20~25毫升），2.5%溴氰菊酯（敌杀死，每亩用药20~25毫升），35%赛丹（每亩用药80~100毫升），1%阿维菌素（每亩用药20~25毫升，宜在阴天或晴天傍晚使用）。

（二）茶丽纹象甲

1. 茶园耕锄
在7~8月或秋末结合施基肥进行清园及行间深翻。

2. 人工捕杀
利用成虫的假死性，在成虫发生高峰期用震落法捕杀成虫。

3. 农药防治
投产茶园每亩虫量在10000头以上的均应施药防治。施药适期掌握在成虫出土盛末期，施药方式采用低容量蓬面扫喷为宜，药剂可选用2.5%联苯菊酯（天王星，每亩用药60毫升）、98%巴丹（每亩用药50~60克）。

（三）假眼小绿叶蝉

1. 保护天敌
尽量减少茶园施农药次数和用量，避免杀伤假眼小绿叶蝉天敌。

2. 勤采茶叶
实行分批勤采，可随芽叶带走大量的假眼小绿叶蝉的卵和低龄若虫。

3. 农药防治
第一峰峰前百叶虫量超过6头（或每亩虫量超过10000头）、第二峰峰前百叶虫量超过12头（或每亩虫量超过18000头）的茶园均应全面施药防治。防治适期应掌握在入峰后（高峰前期），且田间若虫占总虫量的80%以上。施药方式以低容量蓬面扫喷为宜，农药可选用10%吡虫啉（每亩用药15~20克）、2.5%联苯菊酯（天王星，每亩用药20毫升）、98%巴丹（每亩用药25克）。

（四）黑刺粉虱

1. 保护天敌

减少茶园施药次数和用量,保护和促进天敌的繁殖。

2. 生物防治

韦伯虫座孢菌对黑刺粉虱幼虫有很强的致病性,防治适期掌握在1、2龄幼虫期。

3. 农药防治

防治适期原则上应掌握在卵孵化盛末期,虫口密度过大,也可考虑成虫盛期作为辅助施药时期。防治成虫以低容量蓬面扫喷为宜。幼虫期提倡侧位喷洒,药液重点喷至茶树中、下部叶背。防治幼虫时,药剂可选用10%吡虫啉(每亩用药20~30克)、98%巴丹(每亩用药40~50克)、50%辛硫磷（每亩用药100毫升）。成虫期防治可选用80%敌敌畏(每亩用药50~60毫升)。

（五）长白蚧

1. 苗木检验

不从外地引入带长白蚧的苗木。

2. 加强管理

注意肥料的配合使用,尤其应注重磷肥的施用,以增强茶树抗逆力。注意茶园排水,尤其对低洼地,应修建排除渍水系统。

3. 修剪台刈

茶树可以通过适当修剪或者台刈带走部分卵或害虫,并复壮茶树枝干。

4. 保护天敌

构建合理的生态环境,保护天敌,是较好的抑制长白蚧的措施。

5. 农药防治

在卵孵化盛末期采集田间嫩成叶,若百叶若虫量在150头以上的茶园应全面喷药防治。防治适期掌握在田间卵孵化盛末期。施药方式以低容量喷雾为宜,但应喷至长白蚧栖息部位。药剂可选用25%亚胺硫磷(每亩用药125毫升)、10%吡虫啉(每亩用药25~30克)、45%马拉硫磷(每亩用药125毫升)、48%毒死蜱(每亩用药60~70毫升)。利用农药防治长白蚧,应重点抓第一代,第二、第三代只能做补救防治。

(六) 茶蚜

1. 分批采摘
茶蚜集中分布在一芽二、三叶上,及时分批采摘是防治此虫十分有效的农艺措施。

2. 农药防治
对茶蚜为害较重的茶园应采用农药防治。施药方式以低容量蓬面扫喷为宜,药剂可选用10%吡虫啉(每亩用药10~15克)、80%敌敌畏(每亩用药50~60毫升)、50%辛硫磷(每亩用药50毫升)。

(七) 茶橙瘿螨

1. 分批采摘
茶橙瘿螨绝大部分分布在一芽二、三叶上,及时分批采摘可带走大量的成螨、卵、幼螨和若螨。

2. 农药防治
中小叶种茶树平均每叶有茶橙瘿螨17~22头的茶园均应全面喷药防治。施药方式以低容量蓬面扫喷为宜。在茶树生长期,农药可选用速螨酮类杀螨剂(15%乳油每亩用药25~30毫升)、1%阿维菌素(每亩用药20毫升)、73%克螨特1500~2000倍液。在茶季结束后的秋末,可喷洒0.5波美度的石硫合剂,或者用45%晶体石硫合剂(每亩用药200克)。

（八）茶炭疽病

1. 加强茶园管理

做好积水茶园的开沟排水，秋、冬季清除落叶。

2. 注意选择品种

选用抗病品种，适当增施磷、钾肥，以增强抗病力。

3. 药剂防治

在5月下旬至6月上旬及8月下旬至9月上旬秋雨开始前为防治适期。在新梢一芽一叶期喷药防治，药剂可选用70%甲基托布津1000~1500倍液，有保护和治疗效果。75%百菌清1000倍液也有良好的防治效果。上述农药施药后安全间隔期为7~14天。非采摘期还可喷施0.7%石灰半量式波尔多液进行保护。

第二节　名优绿茶茶园冻害防御及管理技术

茶树[*Camellia sinensis*（L.）O.Kuntze]原属亚热带植物，抗寒能力较弱，其能承受的最低温度在-6~-16℃。根据杭州市农业科学研究院茶叶研究所的测定，杭州地区主要栽培的早生无性系良种迎霜、乌牛早和龙井43等茶树叶片的半致死温度在-2.39~-3.5℃。由此可见，它们抗寒能力普遍较弱。杭州地区栽培的茶树品种主要有鸠坑群体种、乌牛早、迎霜和龙井43等，其中鸠坑群体种萌发较迟，一般在3月底至4月初，时间上能避开低温冻害等异常天气，空间上表现出较强的地区适应性；乌牛早、迎霜和龙井43等早芽无性系茶树良种叶片的半致死温度较高，萌发较早，一般在3月中上旬，萌发期正好处于季节转换异常气候活跃期，因此极易受到寒冻害。近几年，随着名优茶的发展，早生品种被大量种植。根据本所的调研，目前杭州早芽无性系良种约有16万亩，主要品种为迎霜、龙井43和乌牛早。

无性系良种茶园面积增长很快,特别是乌牛早增速较快,这一情况使得杭州地区茶园早春受霜冻危害的影响进一步加剧,给杭州市茶产业带来较大的损失。

目前,茶园早春霜冻害防御方法较多,既有物理方法,如覆盖、送风、喷水、熏烟等,也有化学方法,如喷施植物低温保护剂等,但在实际操作中切实有效的技术措施却比较少。本文介绍几种简单易行的茶园防霜冻技术,供参考。

一、塑料大棚覆盖防霜技术

塑料大棚覆盖目前仍然是茶园防霜冻效果最好的方法,特别是能够控温的塑料大棚设施,不仅能较好地防御茶树避免霜冻的危害,而且还提早茶园开采期和增加名优茶产量。

(一)塑料大棚搭建

茶树品种和地形要求:茶树品种以早生无性系茶树品种为主,如乌牛早、迎霜、龙井43等,是因为早生茶树品种更容易受霜冻害影响,且早生茶树品种搭塑料大棚经济效益更好。茶园地形最好地势平坦,且茶园阳光充足,水源丰富,浇水便利,茶园土壤较肥沃。茶园地势不平容易导致高地势的茶树受热害,而低地势的茶树保温效果不佳。

塑料大棚搭建:塑料大棚茶园可以根据预定的采茶计划提前一个月左右搭建。杭州地区可选择在2月中下旬搭建,搭建过早会增加较大的管理成本。单栋茶园大棚长度根据茶行的长度一般为30~40米,宽度一般包括4~5条茶行即6~8米,顶部高度一般3~3.5米,肩高一般1.6~2米。

塑料大棚材料:塑料大棚的钢管材料应选择不易生锈的不锈钢钢管,塑料薄膜最好选用透光好、保温、抗老化的无滴膜。

单栋茶园塑料大棚

连栋茶园塑料大棚

(二)塑料大棚管理

塑料大棚日常管理:塑料大棚搭建并完成盖膜后要经常检查维护,防止风灾、雨水积压和大雪破坏棚和膜,以免影响大棚保温、透光效果。大棚茶园特别要注意温度调节,晴天冬季气温上升至25℃,

春季气温上升至30℃,及时通风降温;当气温下降到20℃以下时再闭门保温。一般晴天上午10时前后开启通风道,下午3时左右关闭。当气温较高,已无寒潮和低温为害时可考虑揭膜。杭州地区大约在4月上旬。揭膜前需经数次练茶,方法是在揭膜前一个星期,每天早晨开启通风口,到傍晚时再关闭,连续6~7天,使大棚茶树逐渐适应自然环境,至最后揭除全部薄膜。

塑料大棚水分管理:塑料大棚搭建前茶园地面最好水分充足。塑料大棚在搭建以后,雨水不能进入,而且在通风过程中会带走大量水汽,因此需要定期对茶园进行灌水。一般根据茶园土壤水分亏缺状况5~15天灌水一次。

塑料大棚防霜冻管理:茶树萌动以后,特别是一芽一叶左右,特别要注意防御霜冻害。杭州地区一般出现在3月上中旬,需要密切关注天气预报,根据天气预报,突发较大幅度降温,且天气预报平均最低温度在5℃以下时,塑料大棚要及时密封保温或增温。

塑料大棚的增温保温:一般塑料大棚在不增温的情况下能较露天茶园提高最高温度5~10℃,提高日平均温度3~5℃,提高最低温度2~4℃,因此塑料大棚对田间最低温度在-2℃以上的霜冻害具有较好的防御效果,一般可以保证茶园不受霜冻害影响,但在遭遇-2℃以下低温时也会受到霜冻害侵袭,此时必须增温才能保证茶园不受冻。

(三)塑料大棚覆盖效果分析

1.塑料大棚覆盖对茶丛温度的变化影响

杭州市农业科学研究院茶叶研究所在实验茶场开展了塑料大棚覆盖防御良种茶园早春霜冻害的研究,供试品种为乌牛早,树龄30年,面积为7.23亩,其中大棚处理5亩、对照2.23亩。2008年5月上旬重修剪,基肥为菜饼200千克/亩,追肥为20千克/亩,其他管理相同。大棚为钢骨架塑料大棚,肩高为1.7米,顶高为2.3米,跨度为7.5米,覆膜时间为2009年2月10日。

塑料大棚管理

利用ZDR–21型温度记录仪记录下大棚覆盖条件下1天内名优茶园蓬面温度与对照无覆盖名优茶园蓬面温度的变化，结果表明，大棚覆盖能有效地提高名优茶园内蓬面的温度，对照无覆盖茶园最低温度达到–0.7℃，最高温度仅为19.9℃；处理茶园温度最低为2.0℃，最高达到27.3℃，均较对照有较大幅度的提高，并将蓬面平均温度从8.14℃提高到11.65℃，增温43.12％，达到极显著水平。从茶园田间观察来看，对照无覆盖名优茶园受低温霜冻害影响，出现顶芽焦灼，枯

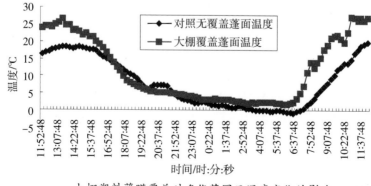

大棚塑料薄膜覆盖对名优茶园日温度变化的影响

死现象明显,顶芽受冻率在85%以上,而覆盖茶园则能较好地保护茶树芽头正常生长,几乎没有受冻现象,只有少量出现高温灼伤。因此,覆盖处理防霜冻效果远远超过40%,高达80%左右。

2. 塑料大棚覆盖对茶树萌发和产量的影响

2009年春茶期间,杭州市农业科学研究院茶叶研究所在试验茶场八缸山对7.23亩早芽茶树良种乌牛早进行了大棚覆盖对茶树冻害和明前茶产量的影响研究,其中大棚覆盖5亩,露天茶园2.23亩,详见表7-1。结果表明,大棚覆盖不仅能较好地防御茶树避免霜冻的危害,而且提早茶园开采期和增加名优茶产量。对照开采期为3月19日,而覆盖处理茶园开采期提前到2月25日,提前开采期22天;平均产量达到22.85千克/亩,较对照茶园的10.8千克/亩增产达到10.57%,增产效果极其显著。

表7-1　大棚覆盖对名优茶萌发和产量的影响

时间 处量	2-25	3-2	3-6	3-8	3-10	3-11	3-12	3-14	3-17
大棚覆盖/千克	2.35	3.05	4.8	5.85	11.3	14.05	12.15	10.2	16.9
对照/千克									

时间 处量	3-18	3-19	3-22	3-23	3-25	3-27	合计产量	平均亩产
大棚覆盖/千克	17.6	15.9					114.15	22.85
对照/千克		1.1	7.2	1.5	4.5	10.75	25.05	10.8

3. 塑料大棚覆盖的成本和效益分析

塑料大棚覆盖能明显阻隔低温,不仅仅是对霜冻害,而且能对雪冻等危害具有较好的防御作用,大幅提早茶园开采期,增加茶园产量,带来明显的经济效益。项目组对塑料大棚覆盖的成本和效益进行了分析,钢管塑料大棚直接投入成本为12000元/亩左右,按5年使用寿命进行折算,这样每年的成本在2400元/亩左右。管理成本较对照无覆盖增加覆膜、揭膜、拆膜和灌水,覆膜和拆膜需要1个工,揭膜需要3个工,灌水2个工,共5个工,每个工60元,则人工成本300元/亩,合计成本为2700元/亩。大棚茶叶鲜叶价格按100元/千克计算,露地茶鲜叶价格按200元/千克计算,则塑料钢管大棚的鲜叶亩产值为4570元/亩,露地茶鲜叶亩产值为1080元/亩,扣除材料成本和人工成本,大棚覆盖比对照不覆盖茶园可净增利润790元/亩,经济效益非常显著,这还不包括提早上市等生产销售环节带来的成倍增长的利润。

二、遮阳网等蓬面覆盖防霜技术

蓬面覆盖是最简单易行和经济有效的茶园防霜冻方法。在霜冻来临前,用稻草、遮阳网等覆盖茶树树冠,以消解平流辐射降温,提升地温,减少叶片水分散失,并避免冷冻霜与茶芽直接接触,减轻受害程度。该方法特别适合茶农小面积范围内使用,可以就地取材,方便、快捷、有效,但大面积覆盖需要较高的人力和物资。蓬面覆盖可以直接覆盖,也可以搭棚覆盖。

(一)覆盖材料选择

覆盖材料选择范围较广,一般推荐使用遮阳网、无纺布或彩条布。遮阳网是茶园常用覆盖材料,春季可以防御霜冻,夏秋季可以防高温和提高茶叶品质。无纺布覆盖茶蓬防霜冻效果最好,具有较好的保温、隔离霜冻和降低茶芽受冻率的效果。根据本所对不同材质覆盖茶树防霜冻所做的对比试验发现,无纺布和四层遮阳网覆盖效果较好,能降低茶树日最高温度,提高日最低温度,且缩短低温持续的时间,并且对茶树芽头起到最直接有效的防护,其防御效果均能达到70%左右,而单层遮阳网和塑料膜直接覆盖效果要略差,其防御效果只有20%~30%。因此,建议选择无纺布、彩条布覆盖或者遮阳网多层覆盖。

塑料薄膜不宜直接覆盖茶丛防霜,如要使用塑料薄膜作为覆盖材料,最好架棚或者在遮阳网覆盖的基础上使用。

(二)覆盖方法

蓬面覆盖可以直接覆盖,也可以搭棚覆盖。直接覆盖一般为临时性的茶园霜冻害防御方法,覆盖时间不长,覆盖期间也没有特别管理措施。具体可以根据天气预报,春茶萌发期间,在霜冻害来临前1~2天进行蓬面直接覆盖。2米幅宽的遮阳网可以直接覆盖一条茶行,并用铁丝或绳索固定在茶树上,防止强风吹落;6米或8米幅宽的遮阳网可以覆盖多条茶行,也可采用多层方式覆盖在茶行上,增强防霜冻效果。在确定霜冻害解除后,揭开覆盖物即可。

搭棚覆盖一般是搭建一个离地面2米左右高度的棚架,然后将覆盖物固定在棚架上起到防御霜冻害的效果。搭棚覆盖虽然增加了覆盖成本,但隔离霜冻的效果要略优于直接覆盖,且覆盖物可以固定在棚架上,随时覆盖和收起,较直接覆盖更加便利。立柱比较经济的方式是采用10厘米×10厘米水泥柱,棚架可以采用钢管、铁丝或毛竹等。搭棚覆盖在春季防御霜冻害的管理操作方法与直接覆盖一致,即霜冻来临前覆盖,冻害结束后收起即可。

(三)覆盖效果

采用遮阳网、无纺布或彩条布等直接覆盖茶丛蓬面一般可以提高田间最低温度1~2℃,因此其对于-1℃以上的轻度茶园霜冻害具有较好的防御效果。低于-1℃以下的低温霜冻会使茶园受到霜冻害侵袭。

遮阳网直接覆盖

遮阳网架棚覆盖

1. 直接覆盖对茶丛温度的变化

在春茶生产期间,出现霜冻危害前,通过蓬面直接覆盖可以大幅提高茶丛温度1~2℃,降低茶芽的受冻率。

无纺布覆盖图片　　　　　　　　尼龙布覆盖图片

　　根据杭州市农业科学研究院茶叶研究所2007年春茶期间(3月7日至8日)开展的不同覆盖处理对茶丛温度变化的研究材料,对照无覆盖茶丛夜间降温最快,温度波动幅度最大,极端最低温度最低、为-1.9℃,0℃以下低温所持续的时间为8小时,白天升温最快,平均温度高于三个处理。处理1无纺布覆盖茶丛极端最低温度最小仅为-0.5℃,0℃以下低温所持续的时间也最短,仅为5小时。处理2单层遮阳网覆盖茶丛出现0℃以下低温的持续时间最长,长达10小时,明显长于对照和其他处理。处理3四层遮阳网覆盖茶丛夜间出现的极端最低温度比处理1无纺布覆盖低,比对照无覆盖和处理2单层遮阳网覆盖高,白

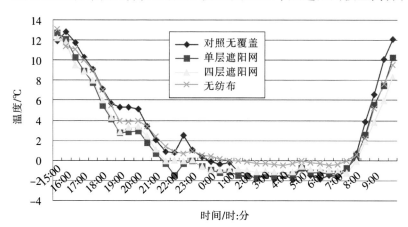

不同覆盖处理对茶丛温度变化的影响

天升温最慢。

2. 直接覆盖对茶芽受冻率的变化

直接覆盖能够降低茶芽受冻率。根据杭州市农业科学研究院茶叶研究所2007年的研究材料,当茶园春季出现霜冻危害,最低温度为-2℃时,通过直接覆盖无纺布茶芽平均受冻率为32.3%,较对照降低了30%以上。供试茶园于2月28日大面积开采,3月6~7日出现了较严重的霜冻,茶园夜间极端最低温度为-2.5℃,白天极端最高温度为21℃,3月5日下午覆盖,3月8日上午揭开覆盖物。受冻芽叶呈明显褐色或焦头,3月8日下午对茶树枝条的受冻芽头数和总芽头数进行调查统计,不同处理对茶园霜冻害防御的效果如表7-2:对照无覆盖茶树平均受冻率为69.5%,仅有少量低位芽头没有受冻;处理1无纺布覆盖茶树平均受冻率为32.3%,与无纺布直接接触的顶部芽叶有明显受冻情况;处理2单层遮阳网覆盖茶树中上部芽叶均有受冻情况,顶端受冻尤其严重;处理3四层遮阳网覆盖茶树平均受冻率仅为20.9%,顶端及边缘枝条有霜冻发生。

表7-2　不同处理对茶树新芽霜冻害防御的效果

处理		重复一			重复二			重复三			平均受冻率/%
		受冻芽头数	芽头总数	受冻率/%	受冻芽头数	芽头总数	受冻率/%	受冻芽头数	芽头总数	受冻率/%	
对照	无覆盖	103	148	69.6	121	188	64.4	122	164	74.4	69.5
1	无纺布	51	180	28.3	64	173	37.0	51	162	31.5	32.3
2	单层遮阳网	88	146	60.3	91	169	53.8	105	214	49.1	54.4
3	四层遮阳网	36	178	20.2	50	160	31.3	18	161	11.2	20.9

3. 直接覆盖的成本和经济效益

杭州市农业科学研究院茶叶研究所曾对不同覆盖处理的产量、成本和效益进行了初步分析,结果如下表7-3所示。规格为120克/米²的无纺布价格为2.04元/米²,75%的单层遮阳网价格为1.0元/米²,四层75%遮光率的遮阳网价格为4.0元/米²。用工情况处理3四层遮阳网的用工是处理1和2的四倍。一次装卸覆盖材料为1个工每亩,处理4为4个工,每个工按60元计。故从直接成本来看,处理1无纺布覆盖要较处理3四层遮阳网覆盖经济。

表7-3 不同覆盖处理的产量、成本和效益分析表

处理		鲜叶产量/(千克/亩)	鲜叶产值/(元/亩)	覆盖材料总成本/(元/亩)	年耗材料成本/(元/亩·年)	人工成本/(元/亩)	效益/(元/亩)
对照	无覆盖	41.07	2053.33	0	0	0	2053.33
1	无纺布	93.07	4653.33	1360.68	453.56	60	4139.77
2	单层遮阳网	65.33	3266.67	667	222.33	60	2984.33
3	四层遮阳网	105.33	5266.67	2668	889.33	240	4137.33

处理1和处理3的覆盖材料成本分别为1360.68元/亩和2668元/亩,覆盖材料均可重复使用3年以上,平均年成本分别为453.56元和889.33元/亩,扣除成本,处理1和处理3年可增加效益分别为2086.44元/亩和2084.00元/亩,增产效果都在100%以上,经济效益非常显著。

三、其他茶园防霜冻技术简介

其他茶园防霜冻技术包括防霜风扇和喷水洗霜等,应用较少见,

一是因为设备一次性投入成本较高，二是需要电力保障及维护运行，而且后者还需要水源保障，这在以山坡地为主的茶园中大规模推广应用难度较大。现将这两种茶园防霜技术作简单介绍，供有条件的规模化企业选择使用。

（一）防霜风扇

防霜风扇目前在日本应用较为成熟，杭州市少量茶园有引进安装。在茶园离地6~7米的高度安装防霜专用风扇，并配套控制系统，风扇回转直径90厘米，俯角30度，每台风扇管理茶园1~1.5亩。

其原理主要是在逆温霜冻发生时进行空气扰动增温。在晴朗无风或微风的夜晚，地面因辐射冷却而降温，与地面接近的空气冷却降温最强烈，而上层的空气冷却降温缓慢，因此使低层大气产生逆温现象。当防霜风扇系统自带温度传感器探测到茶树冠层气温低于设定温度时，防霜风扇就会自动开启，开动的大功率风扇扰动空气，将上方暖空气输送到茶树冠层，使冷暖空气充分混合，以提高茶树冠层气温，从而达到防霜冻的目的。

防霜风扇只有在逆温霜冻时才有一定效果，一般约能提高温度2℃。

防霜风扇

（二）喷灌设施

喷灌设施防霜技术主要是利用在茶园中安装的喷灌系统对霜冻发生时进行叶面喷水作业，保持叶面温度在0℃左右而减轻霜冻危害的一种防霜方法。

茶园喷灌

第三节　茶园旱热害情况分析与灾后恢复

茶树旱热害包括两个概念，即旱害和热害。旱害是指由于土壤缺水，导致茶树水分亏缺、生理代谢失调而遭受的危害。热害是指因空气温度过高、湿度低导致的茶树伤害。旱热害是指旱害和热害相伴发生，即茶树同时遭受缺水和高温而产生的危害。

浙江省属于江南茶区，属亚热带季风气候，夏季常受太平洋副热带高压的影响，因此三种危害均有发生，其中危害最大的是具有叠加效应的旱热害，严重时会导致茶树叶片脱落、枝条枯死甚至整株死亡。2013年7月至8月，浙江省各地区持续出现了晴热高温天气。

据统计,杭州城区累计高温日数(日最高气温≥35℃)达48天,40℃以上的天气有13天,最高气温达41.6℃。浙江多个县市的最高气温超过42.0℃,导致浙江省各地茶园普遍出现旱情,成龄茶园出现叶片灼伤、枝条干枯甚至整株死亡等受害情况,近3年种植的幼龄茶园较多茶苗枯死,去冬今春新种茶园茶苗大量死亡,给浙江省的茶产业带来了较大的经济损失。为了应对今后再次可能出现的茶园旱热灾害,杭州市农业科学研究院茶叶研究所科技人员对杭州茶区的此次旱热害特征进行了调研分析,总结了不同茶树品种、不同茶园生态环境,以及不同栽培管理措施等对茶园受灾程度的影响,并在此基础上有针对性地提出了茶园旱热灾害后的恢复技术措施,以期能为杭州市茶园防御旱热害提供一定的理论基础和技术指导。

一、茶树旱热害症状

茶树旱害症状首先表现为芽叶生长受阻。由于叶片水分的转移特性,蓬面表层成熟叶片先出现焦边、焦斑,然后向叶片内部和基部扩展,叶片受害区域与尚未受害的区域界限分明;受害顺序为先叶肉后叶脉,先成叶后老叶,先叶片后顶芽嫩茎,先地上部后地下部。热害症状常表现为新梢上午挺立,午后随着温度升高萎蔫下垂;新生幼嫩叶片由于其对高温的抵抗力较弱首先

轻度旱热害

中度旱热害

灼伤,出现失绿、焦斑或枯萎,发生位置不一;受害顺序为先嫩叶芽梢后成叶和老叶, 先蓬面表层叶片后中下部叶片。旱热害是两者的综合, 表现为新梢生育停滞、幼嫩茎叶枯焦、叶片枯萎脱落、枝叶由上而下逐渐枯死, 甚至整枝枯

重度害热旱

死。发生严重危害的茶园,土壤缺水导致的旱害常常居主导地位。

二、茶园受灾程度的影响因素分析

(一)茶树品种

茶树品种抗旱性强弱是茶树抵御旱热灾害的基础,不同茶树品种之间受害差异明显。黄金芽、安吉白茶等黄、白化茶树品种受灾较为严重,无性系品种茶园受灾程度重于群体种茶园。大叶品种的耐旱程度一般比中小叶品种差,而树势健壮、根系深广、叶片结构紧凑、叶面光滑、叶质硬、叶脉密、角质层厚、新梢持嫩性强的品种往往抗性较强。

浙江省的一些主要栽培茶树品种中,安吉白茶受旱热灾害影响最大,乌牛早比迎霜、龙井43等品种受灾稍重,鸠坑群体、龙井群体等地方群体种略轻。

(二)茶园土壤条件与生态环境

茶园土壤条件好坏是导致茶树受旱热害程度高低最重要的原因。调查中受害最严重的成龄茶园主要有两类,一类是土层浅薄贫瘠和持水性差的砂石土茶园,一类是地下水位高、有障碍层而导致

积水的茶园,特别是由水稻田改植的茶园。这些地块由于茶树根系无法向下伸展,吸收范围小,故先出现旱害症状,最终受灾程度也最为严重。

茶园所处的生态环境与茶树受旱热灾害的程度密切相关,主要表现为:高海拔茶园受灾程度轻于低海拔茶园,坡地茶园受灾程度轻于平地茶园,朝北的茶园受灾程度轻于朝南的茶园,有行道树等生态环境较好或套种林木的茶园受灾也较轻。

(三)茶园栽培管理措施

茶园管理措施是否得当对茶树受旱热害程度轻重有较大的影响。首先,常年不进行深耕作业、冬季基肥撒施的茶园受灾特别严重。这一症状在无性系茶园中表现尤其明显,不深耕施肥不仅肥料利用率差,还导致茶树根系集中在表土层,极其容易受灾。其次,高温干旱期间进行过采摘、修剪和耕作除草的茶园危害较重。因此时进行田间作业导致茶树抗逆性降低,并加速茶树和土壤的水分流失而更易受害。再次,茶园病虫为害严重的茶园,特别是受茶小绿叶蝉或螨类为害过的茶树,以及施肥少、营养不良的茶树由于叶层薄、叶片小而薄,也容易受旱热害的影响。

三、茶园旱热灾害后恢复技术措施

(一)施用速效肥并浅耕除草

茶树经过高温干旱,生长势受到极大影响,适当施用速效肥,补充土壤养分,利于茶树恢复生机。根据茶树大小,建议亩施复合肥15~25千克。同时,结合施肥,进行5~10厘米浅耕,疏松土壤,去除茶园杂草,保障茶树能够及时吸收充足的营养,以利于茶树生长势恢复。

（二）蓬面修剪

根据茶树枝叶受害程度分别采取不同的修剪措施，把枯焦叶片或枝条修剪掉，促进茶树新枝生长。

进行蓬面修剪有两个要点要把握：一是特别要注意修剪时间把握，最好待土壤干旱情况彻底解除，气温回落到30℃以下时进行，海拔较高易受冻害的茶园建议第二年开春再进行修剪；二是注意修剪深度，枝条尚活、只是叶片枯焦的，建议不修剪；有枝条枯死的，则需采取修剪措施，修剪深度掌握在枯死枝条再往下2~3厘米，原则上要彻底剪去枯死枝条。

（三）病虫害防治

高度注意灾后病虫害的暴发，一有发现，要及时防治。虫害要注意螨类、叶蝉类等，病害要注意高温高湿易发的叶枯病、轮斑病等，具体用药请参阅本所发布的《病虫情报》。

（四）土壤改良

土壤是提高茶树抗性的关键因素，同一地块，最早出现茶树受灾现象的往往是土层较薄或容易积水的地块。进行土壤改良是增加茶树抗旱能力最根本的措施。对受旱严重、有茶树死亡的茶园，秋后对茶园进行补苗、补苗前先把没死的茶树移栽到一起，然后把空出的地块土壤进行彻底的改造，土层过薄的进行深翻或加土，保证有50~80厘米的土层，易积水的地块进行开沟排水，彻底解决积水问题。

（五）及时补种

立地条件较好的，今冬明春及时补种。补种茶苗时特别注意要先把没死的大苗移到一起，腾出一定面积的空地连片种植茶苗，千万不要见缝插针式地补苗，否则原有大苗与补种茶苗争光、争水、争

肥,影响补苗成活率。

　　对整片死亡的茶园,一定要先改土再补种,如立地条件差、土壤改良困难的,可改种一些耐旱树种,改善茶园生态。

　　总之,只有做好了茶园科学规划和规范管理,提高了茶树抵御自然灾害的能力,改善了茶园生态环境,建立了应对不良气象灾害的基础设施准备,才能避免茶园受到旱热灾害或减轻茶园受灾的程度,促进杭州市茶产业健康可持续发展。

附录一
名优绿茶适制品种列表

品种名称	品种来源	审定/认定	适制茶类			
			扁形	针芽形	毛峰形	卷曲形
迎霜	杭州市农业科学研究院	国家	√		√	√
翠峰	杭州市农业科学研究院	国家		√	√	√
劲峰	杭州市农业科学研究院	国家		√	√	√
青峰	杭州市农业科学研究院	国家			√	√
茂绿	杭州市农业科学研究院	国家		√	√	√
龙井 43	中国农业科学院茶叶研究所	国家	√			
龙井长叶	中国农业科学院茶叶研究所	国家	√	√		
中茶 102	中国农业科学院茶叶研究所	国家		√	√	√
中茶 108	中国农业科学院茶叶研究所	国家	√	√	√	√
中茶 111	中国农业科学院茶叶研究所	国家			√	√
中茶 302	中国农业科学院茶叶研究所	国家			√	√
浙农 113	浙江大学茶叶研究所	国家		√	√	√
浙农 117	浙江大学茶叶研究所	国家	√	√		
浙农 139	浙江大学茶叶研究所	国家				
春雨 1 号	武义县农业局	国家	√	√	√	
春雨 2 号	武义县农业局	国家		√		
凫早 2 号	安徽省农业科学院茶叶研究所	国家			√	√

续表

品种名称	品种来源	审定/认定	适制茶类			
			扁形	针芽形	毛峰形	卷曲形
嘉茗1号	浙江永嘉	省级	√	√	√	
霜峰	杭州市农业科学研究院	省级		√	√	√
平阳特早	浙江平阳	省级	√			
白叶1号	浙江安吉	省级	√	√	√	√
中黄1号	浙江天台	省级	√	√		
中黄2号	浙江缙云	省级	√	√		
黄金芽	浙江宁波	省级		√		
千年雪	浙江宁波	省级	√	√	√	√
御金香	浙江宁波			√		
紫娟	云南省农业科学院				√	
鸠坑早	淳安县农业技术推广中心茶叶站			√		

茶树主要病虫防治历

月份	旬	序号	防治对象	主要药剂品种及防治技术	
3	下	1	茶白星病、茶饼病、茶炭疽病	甲基托布津	
		2	茶卷叶蛾	天王星、功夫、敌敌畏、辛硫磷	
4	中	3	茶黑毒蛾、茶毛虫	天王星、功夫、敌敌畏、辛硫磷	
		4	春季杂草	克无踪	
	下	5	茶尺蠖	功夫、敌杀死、安绿宝、天王星	
		6	黑刺粉虱	阿克泰、天王星	
5	上	7	茶丽纹象甲	天王星、锐劲特、巴丹	
	下	8	茶橙瘿螨	螨代治、阿维菌素、克螨特	
		9	假眼小绿叶蝉	阿克泰、天王星	
6	上	10	茶卷叶蛾	同2	1. 严格执行省政府(2001)34号文件精神，禁止使用甲胺磷、三氯杀螨醇、氰戊菊酯(包括其同分异构体)等高毒高残农药及含上述成分的混制剂。2. 害虫的防治指标如下：①茶尺蠖幼虫虫量超过4500头/亩(成龄投产茶园)；②茶假眼小绿叶蝉第一峰百叶虫量超过6头，第二峰百叶虫量超过8头；③茶橙瘿螨每平方厘米叶面积有虫3~4头；④茶黑毒蛾第一代幼虫虫量超过2900头/亩，第二代幼虫虫量超过4500头/亩；⑤茶丽纹象甲虫量在1000头/亩；⑥黑刺粉虱小叶种2~3头/叶，大叶种4~7头/叶；
		11	茶尺蠖	同5	
		12	茶丽纹象甲	同7	
		13	茶橙瘿螨	同8	
		14	茶黑毒蛾	同2	
	中	15	假眼小绿叶蝉	同9	
		16	夏季杂草	同4	
	下	17	夏季杂草	同4	
		18	黑刺粉虱	同6	
		19	茶毛虫	同2	

续表

月份	旬	序号	防治对象		主要药剂品种及防治技术
7	上	20	茶毛虫	同2	⑦茶芽有蚜率4%～5%;⑧茶毛虫百丛卵块5个以上;⑨长白蚧百叶若虫150头以上;⑩茶刺蛾每平方米幼虫数幼龄茶园10头以上,成龄茶园15头以上。只有当害虫超过防治指标时才全面用药。有发虫中心的害虫,可以挑治。 3. 用药量要准确。全面推广低容量喷雾,可节省劳力、农药,提高农药剂利用率和对害虫的杀伤力。 4. 严格执行用药后的安全间隔期。用药后间隔3～5天可采茶的农药有:阿克泰、敌杀死、功夫、辛硫磷。6～7天的有:天王星、安绿宝、敌敌畏、巴丹。8～14天的有:螨代治、世高、爱苗、甲基托布津、达克宁等。茶园农药应交替使用。 5. 除草应掌握在杂草长至3～4叶期。除草剂兑水应取清洁水,不能用泥浆水
7	上	21	茶尺蠖	同5	
7	上	22	假眼小绿叶蝉	同9	
7	下	23	茶黑毒蛾	同2	
7	下	24	茶卷叶蛾	同2	
8	上	25	茶尺蠖	同5	
8	上	26	茶卷叶蛾	同2	
8	中	27	假眼小绿叶蝉	同9	
8	中	28	黑刺粉虱	同6	
8	中	29	茶毛虫	同2	
8	下	30	茶橙瘿螨	同8	
9	上	31	茶白星病、茶饼病、茶炭疽病	同1	
9	上	32	假眼小绿叶蝉	同9	
9	上	33	茶卷叶蛾	同2	
9	中	34	茶尺蠖	同5	
9	中	35	黑刺粉虱	同6	
9	下	36	秋季杂草	同4	
9	下	37	茶黑毒蛾、茶毛虫	同2	
10		38	假眼小绿叶蝉、螨类、黑刺粉虱、茶叶病害	同上	

主要参考文献

［1］杨亚军,梁月荣. 中国无性系茶树品种志[M].上海:上海科学技术出版社,2014.

［2］陈亮,虞富莲,杨亚军. 茶树种质资源与遗传改良[M].北京:中国农业科学技术出版社,2006.

［3］杨亚军. 中国茶树栽培学[M].上海:上海科学技术出版社,2005.

［4］陈兴琰. 茶树育种学[M].北京:中国农业出版社,1986.

［5］陆松侯,施兆鹏. 茶叶审评与检验[M].北京:中国农业出版社,2000.

［6］宛晓春,龚淑英,龚正礼. 中国茶谱[M].北京:中国林业出版社,2010.

［7］毛祖法. 浙江省十大名茶[M].北京:中国农业科学技术出版社,2011.

［8］王镇恒,王广智. 中国名茶志[M].北京:中国农业出版社,2000.

［9］DB3301/T 005—2004 西湖龙井茶[S].

［10］DB3301/T 20354—2006 安吉白茶[S].

［11］王开荣,李明,梁月荣,等. 光照敏感型白化茶[M].杭州:浙江大学出版社,2014.

［12］周铁锋,余继忠,胡新光. 茶树病虫害原色图谱[M].杭州:浙江科学技术出版社,2010.

［13］李倬,贺龄萱. 茶与气象[M].北京:气象出版社,2005.